圖解

木組み・継手と組手の技法

日式榫接

一六一件經典木榫技術，解讀百代以來
建築・門窗・家具器物接合的工藝智慧

大工道具研究會 編　林書嫻 譯

推薦序

在台灣，以木質做為施作材質的工藝，可約分為四大類：大木作（屋宇建築）、小木作（門窗隔間）、細木作（家具）、木雕（神像）。其中，前三類最重要的關鍵技術是「榫卯技術」。所謂榫卯者，係指在構件上以工具施以鋸、鑿、鉋等工法而成。從外觀而言，凸出部位稱為「榫頭」，內凹部位稱為「榫孔」，須有一個榫頭與榫孔相互接合，方能成為具有完整功能性的榫卯。榫卯是架構式結構最關鍵的接合技術，其接合部位以「合、密、緊、實」為標準，可耐長期使用而不開散，是人類千百年累積下來的智慧結晶。

而木工技術則以師徒傳承而代代延續不墜，如先父鹿港細木作工藝師王漢松（1923～2002），其細木作工藝傳有二子，王肇鈵（1953～）、王肇楠（1968～）。拙即是以父為師，遵三年四個月習藝、養成；先父王漢松之嚴格要求與諄諄教誨時縈於心：「欽藝心如。」然，木工藝殿堂之崇高，一般民眾實難以親近。因者，蓋甚少有略著或專文，配合圖片以深入淺出之文字敍述，呈現出工藝之美。

今有日本大工道具研究會編著，由易博士出版社引進出版的《圖解日式榫接》專書，將日本榫接技法分做「建築」、「門窗」、「器具」三大部分論述，內容包括百種以上的榫接工法與榫卯名稱、以及各類工具的使用，文字詳實、圖例豐富，更以照片記錄了工匠實際作業的流程，完整呈現出日本的木工藝文化精髓，適合長置案側，賞閱再三而樂永。

拙迺承不棄，好書難逢，珍本如是。謹以淺薄之識，誌文以薦。

王肇楠

文化部細木作傳統匠師、彰化縣政府指定登錄「細木作」為彰化縣傳統工藝、認定王肇楠為保存者、登錄「傳統家具製作及修復技術」為彰化縣文化資產保存技術，認定王肇楠為保存者、大葉大學造形藝術學系兼任助理教授

「榫卯」是將兩件木料接合在一起的一種方法，是傳統的木構建築與家具廣泛採用的結構方式。一棟木建築或一件家具堅固與否，關鍵在於結構設計是否合理有效，也就是如何正確的配置與製作榫卯。每一個木榫的用途，能否取代、能否他用，甚至是否需要研製新榫卯或是新工法，這些都是本書《圖解日式榫接》要引導讀者了解的重點。

日式建築與家具，雖源自中國，但經過吸收淬鍊，已經展現出符合當地自然環境與社會型態的另一種新面貌。就建築的榫卯來說，日本便大量使用插銷與鍵片來強化結構強度，以利抵抗颱風與地震，而透過指接榫與鳩尾榫的綜合運用，更產生出許多美觀又特別的榫，這些都值得學習與反思。仔細翻閱這本書，將獲得許多新的思維，祝讀者們藉由本書在木工領域找到一塊新天地！

陳秉魁
哈莉貓木工講堂主持人、木工專業書作家及木工藝家

本人從事室內裝修工作二十餘年，對於每一個經手的案子都視為新的挑戰，以戰戰兢兢的心態去面對。然而，在講求快速、簡單、便宜的裝修這個年代，木材榫接逐漸式微，大量產出的膠合板及系統家具成了主流，釘槍、螺絲雖達成快速完成的目的，但接著劑的大量使用也增加了環境的負擔。

我因多年前的機緣進入了職訓中心，接觸榫卯及原木的搭配後，深刻體驗到古人智慧的奧妙，從基礎的搭接、三缺榫、指接榫、鳩尾榫，到明式家具的包肩榫、粽角榫等，都讓我深深著迷，因此大量查找網路資訊、閱讀國內外書籍、並與同好相互切磋，為的就是不想錯過任何一個迷人的榫卯。

身為榫卯愛好者，很高興看到易博士出版社用心引進《圖解日式榫接》。書中主要分成大木作、門窗及家具三大部分，逐一介紹上百種榫接工法，並收錄日本工匠實際作業範例，搭配上精彩的圖片解說，讀起來相當賞心悅目。在此想將這本值得收藏的專著，推薦給所有木工專業從業人員以及木工藝愛好者。

劉育亨
魷魚家族細木工作室負責人、資深木工老師

Contents

Part 1
用於傳統建築的榫接 ························ 9

Part 2
用於門窗的榫接

Part 3
用於家具、器物的榫接 101

Part 4
職人們的手工絕活

Part 1
用於傳統建築的
榫接

自人們將木材用於建築以來，已經衍生出相當多樣的工法，如材料長度不足時會採取對接（継手）以增加長度，將材料交叉或是組合成直角時會採取轉角接合（組手）。我們可從保存古老寺社、佛閣所進行的修復工作中，一窺古人的智慧。

製作者：松本社寺建設

薄片狀木栓接合 （車知継）

在神社簷廊的結構中，下緣的外側橫木「緣葛」以薄片狀木栓（車知栓）接合，而支撐它的短柱「緣束」及橫撐木條「緣繫」則以反鳩尾榫（逆蟻）連接。並會在緣束上方削鑿一處小榫頭，以便插入緣繫底部的榫孔。

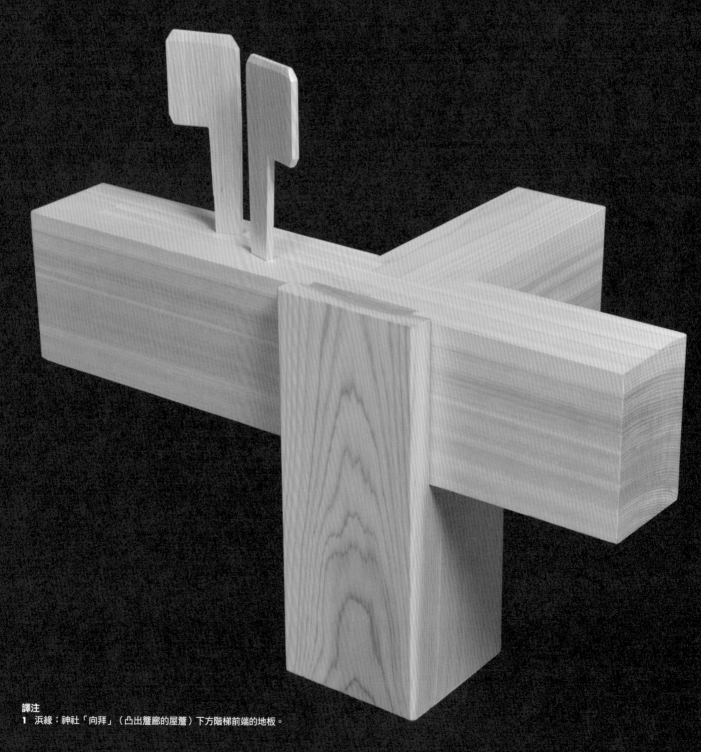

譯注
1 浜緣：神社「向拜」（凸出簷廊的屋簷）下方階梯前端的地板。

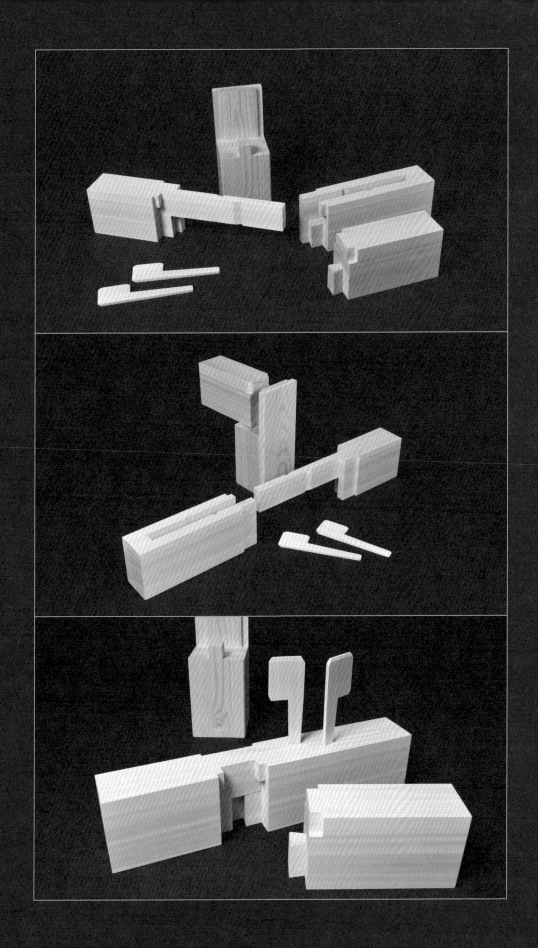

雙榫接合（二枚ほぞ継）

　　雙榫接合同樣用於簷廊下緣的外側橫木「緣葛」、短柱「緣束」與橫撐木條「緣繫」的接合。當受限於結構，無法由上往下組裝緣繫時，會使用橫向插入再移動嵌合的嵌槽鳩尾榫（寄蟻）來連接。下壓嵌合後，外觀上，緣束的表側會遮住部分的緣葛。

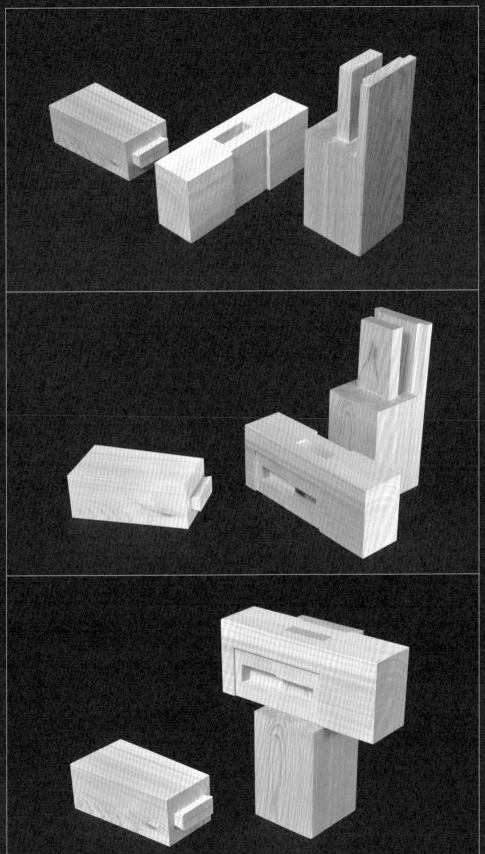

薄片狀木栓暗榫接合（箱車知継）用於浜緣、切目長押[2]的對接

用於浜緣連接至下檻（敷居）的部分。設置完成後，嵌有薄片狀木栓（車知栓）的那面會置於內側不外露。本頁範例相片是從木構件的內側拍攝，上方則為木構件的底部。

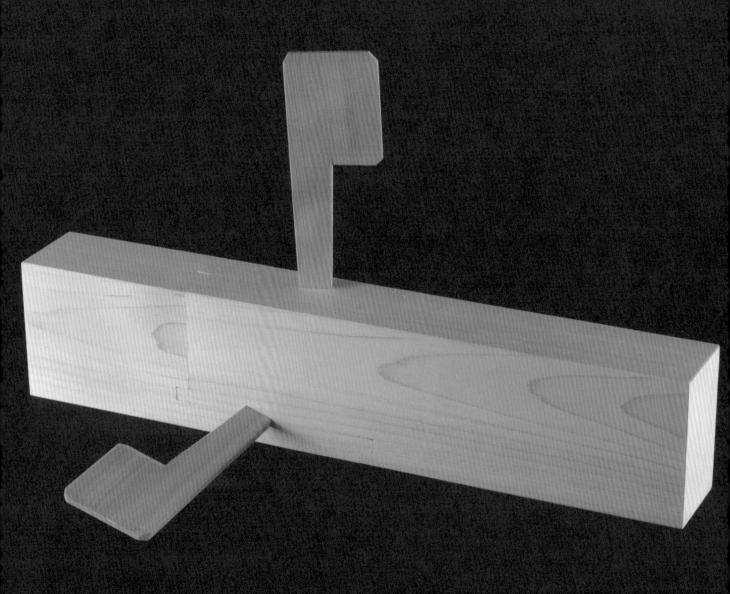

譯注
2 切目長押：下檻與簷廊地板之間的裝飾橫木。

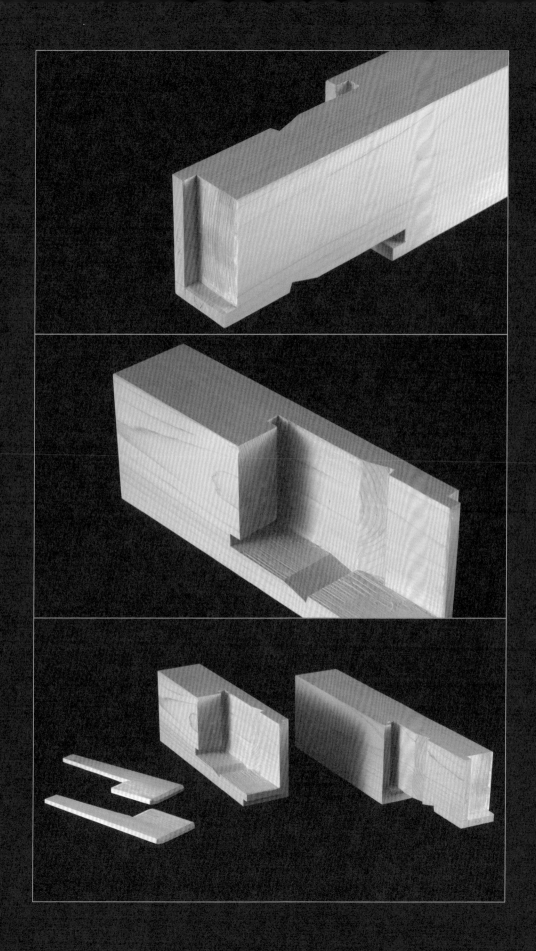

芒繼 (芒継)

　　芒繼是用於連簷木（茅負）[3]的對接工法。本頁範例相片是從正面拍攝。接合處會做成斜面，使重量不致集中在一點。為了使外觀看起來較為優美，而在表面切割出稱做「眉」的高低落差。

譯注
3　連簷木（茅負）：屋簷前端、架於椽木上方與之垂直的橫木。

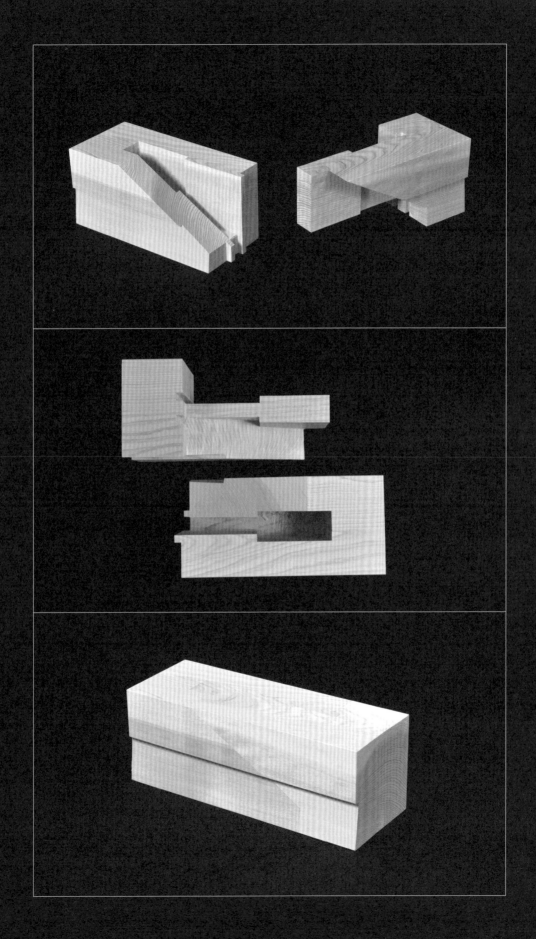

蛇首榫接合 （鎌継）

　　蛇首榫接合是基本的對接工法之一。雖然從本頁範例相片中無法清楚看出，但實際上這類對接的接合面具有稱做「滑角」的特殊斜度（滑り勾配），這是為了使受力不集中在榫頭、而能將受力分散到整個接合面所做的工夫。

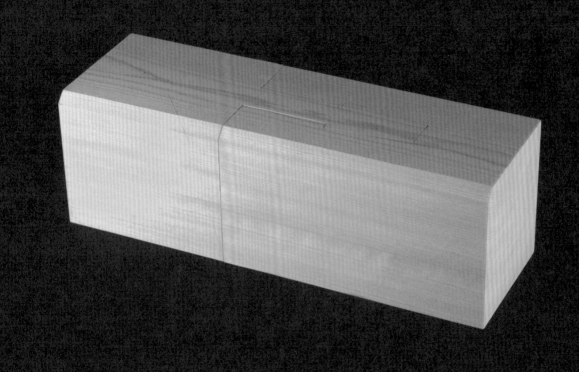

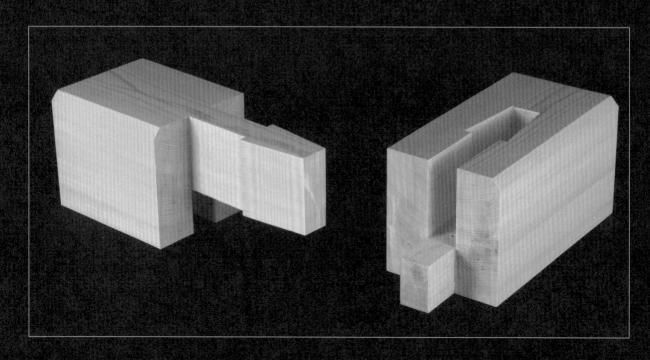

露面榫帶插栓接合（尻挾継）

露面榫帶插栓接合的用途廣泛。當不想使結構材的接合處產生高低落差時，可使用此種對接方式。其組合方式是把兩構件壓合成一體後，再插入木栓固定。

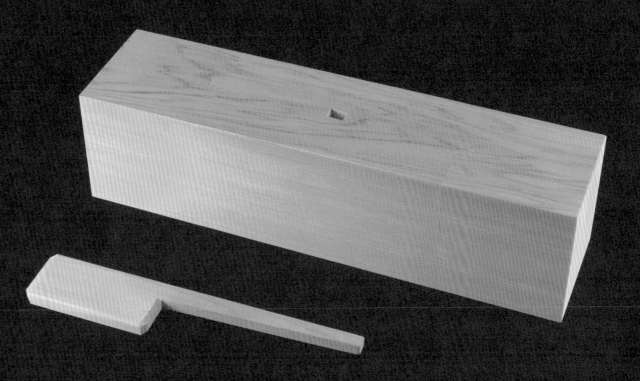

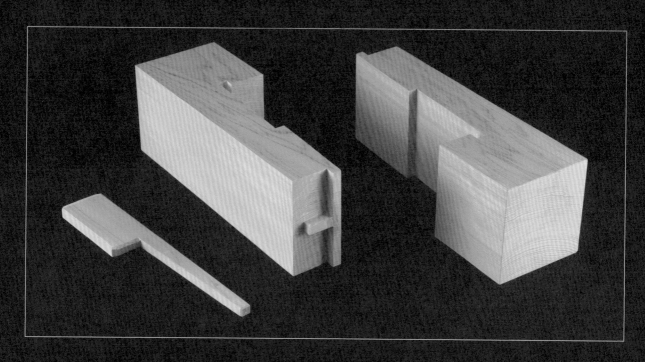

圖説薄片狀木栓接合（車知継）與反鳩尾榫接合（逆蟻継）

　　這類工法在社寺建築中是用來承接簷廊地板「緣板」的結構之一。如圖所示，先將右下方的短柱「緣束」承接左上方的橫撐木條「緣繫」，再將簷廊下緣的外側橫木「緣葛」接合起來，並像包夾住緣繫前方凸出的鳩尾榫頭（蟻ほぞ）般搭接於緣束之上，最後以薄片狀木栓（車知栓）固定。

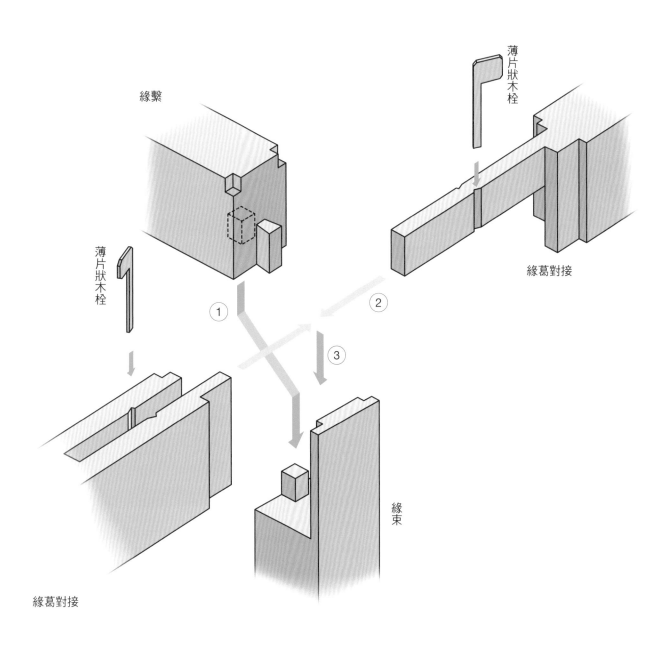

緣繫

薄片狀木栓

薄片狀木栓

緣葛對接

① ② ③

緣束

緣葛對接

專題2 圖説方榫接合（ほぞ継）與嵌槽鳩尾榫接合（寄せ蟻継）

　　先將簷廊下緣的外側橫木「緣葛」插入短柱「緣束」上方的榫頭，再使用嵌槽鳩尾榫直接組合橫撐木條「緣繫」與緣葛。具體做法如下圖所示，將左方緣繫的鳩尾榫頭（蟻ほぞ）插入右方緣葛側面上的榫孔，再推向右側卡緊。

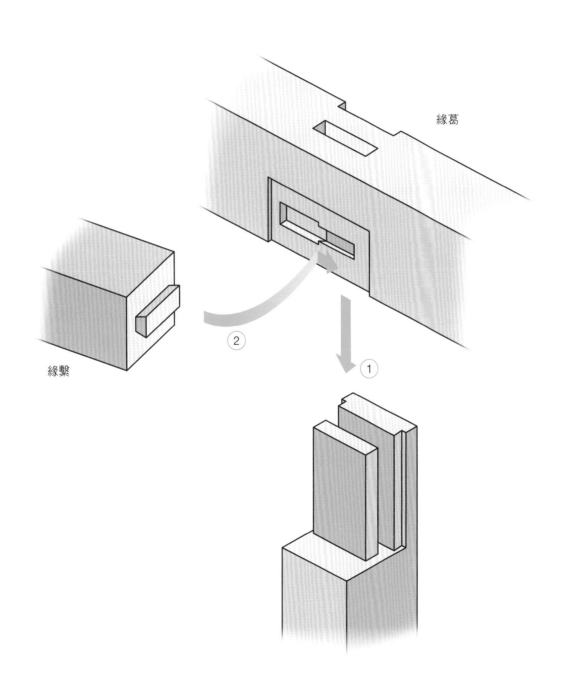

緣葛

緣繫

②

①

榫接在歷史中的演變

文：源愛日兒（武藏野美術大學造型學部建築學科教授）

何謂榫接

用來說明木造建築中各構件相互接合的用語，有「對接」（継手）、「帶角度接合」（仕口）、「轉角接合」（組手）、「木材側面接合」（差口）、「邊接」（矧ぎ）等，這些都曾經出現在日本近世（1573～1868年）的大工[1]書上。根據明治三十九年（1906年）出版、戰後仍持續再版的《日本建築詞彙》[2]一書，這幾個用語的定義如下：「對接」（継手）是將構件續接補足；「轉角接合」（組手）指用於桁、合掌樑等構件交叉處的接合；「木材側面接合」（差口）則是將一構件插入另一構件側面的接合。除此之外，「轉角接合」（組手）、「木材側面接合」（差口）也被稱做「帶角度接合」（仕口），因此可以此用語來統稱帶角度及交叉的接合。至於「邊接」（矧ぎ）一詞，雖然並未出現於《日本建築詞彙》中，但該書中出現了「實矧」、「胴付矧」等項目，由此可知「邊接」是指板材長邊的接合。

榫接的形成原因

首先，要說榫接是木造建築之所以能形成結構體的核心技術也不為過。每當結構體需透過新的構件組裝時，使其組裝方式可行的榫接技術就隨之發展。寺院建築在日本古代時期，還未發展出一體化的骨架（軸組）組裝技術，只能靠橫材來連接各別柱體。雖然在古代，隨著時代演進也發展出一些穩定結構的工法，但大多仍是將各別構件以疊加方式組合，即便使用榫接，也是以蛇首榫接合（鎌継）、勾齒搭接（渡りあご）、單槽嵌榫接合（輪薙込）、方榫（ほぞ）等下壓嵌入的組合方式為主。使榫接技術發生關鍵性轉變的因素，是十二世紀末期與大佛樣[3]一同被引入日本的建築技術——使用穿枋（貫）來橫向貫穿各別柱體，使柱體相互連接。柱體與在柱內交叉的穿枋形成了三向直交的形態，而為了將這些構件組合起來，理所當然地發展出了前所未有的新技術，像是開始在橫材部分使用鳩尾榫搭接（蟻掛）。此外還發展出不同於穿枋的骨架，在樑與柱的接合面上運用了榫頭鼻栓（ほぞ指鼻栓）來固定。與古代相比，十二世紀時，構件的橫向榫接技術已有相當程度的發展。我們可從上述的例子得知，榫接技術與建築結構間存在著密不可分的關係。

不僅如此，日本的木造建築對於榫接

譯注
1 大工：木工匠。
2 《日本建築詞彙》：由日本建築史家中村達太郎編著，內容包含日本傳統建築及西洋建築等，約4,000個建築相關詞條，其後並多次修增訂及再版。
3 大佛樣：鎌倉時代（1185～1333年）初期時為了重建東大寺，由俊乘坊重源引入宋朝建築樣式後所展開的寺院建築樣式。

處的外觀也十分重視，這點源自於日本在木造建築領域中獨特的發展脈絡。十三世紀末期，隨著木造建築結構的發展，出現了屋架結構（小屋組），以及用來劃分出室內空間、不嵌入結構體的天花板「吊天井」等技術。雖然日本古代的寺院建築，已經會使用地板及天花板來劃分室內空間，但後來隨著技術的演變，又產生了將建築構件分為「可見」與「不可見」兩類來看待的意識，進而影響了建築結構、材料選擇、及榫接方式等。

舉例來說，斗栱[4]（組物）增加承受上部結構重量的面積，再將承重集中於柱體上、及加大屋簷等功能。然而一旦鋪設了天花板，便產生如下變化：位於天花板上、看不見的斗栱就被撤除；反倒為了呈現設計上的意義，而在外觀處使用斗栱。而在屋簷處則有構造上的變化，會區分出兩種椽條（垂木）：一種是用來承接屋瓦且斜度大的內側椽條（野垂木），一種是斜度較小使人們抬頭觀賞時會心生寬廣感的裝飾椽條（化粧垂木），且兩者間還插入了支撐簷端的桔木。歇山頂（入母屋）屋頂的山牆裝飾物（妻飾り）也同樣有其演變發展：原本是在柱筋上用來支撐封簷板（破風）的構件，轉變成設於偏離柱筋處的山牆裝飾物。也就是說，除了承受屋頂重量的脊桁（野棟）、桁條（野母屋）等外觀上看不見的部分之外，另外還會設置較短的裝飾用脊桁（棟木）、桁條（母屋），使山牆的三角形大小可依設計來決定。在這樣的潮流中，室內的天花板也從原本嵌入結構體的形態，發展成懸吊於屋架樑（小屋梁）之下的形態。總結來說，無論建築內外，視線可及的部分大多脫離了結構上的功能，而更加強化了設計上的意義。

我們可以從上述的演變推測出，當時日本的工匠是以下列的分類方式來理解木造建築的構件。一種分類方式是分為可見及不可見的構件，並以日文漢字「化粧」（具裝飾性或位於外觀可見處）、及「野」（不具裝飾性或位於外觀不可見處）的詞彙加以區分，在日本近世（1573 ～ 1868年）的大工書中被認定為正式用語。而另一種分類方式則是區分為結構與非結構性的構件。依照這兩種分類方式舉例說明的話：柱子是外露的結構材，長押則是外露的非結構材；屋架樑是不外露的結構材，天花板吊木則是不外露的非結構材。十五世紀以來的榫接技術，大多可採用「化粧／野」、「結構／非結構」的分類方式來加以說明。除此之外，同一裝飾材在進行榫接加工時，也會分成外露面與不外露面。

要選用何種榫接技術，除了須考量上述所提到的分類之外，在基本結構體完成後，再將構件組合起來的榫接方式，也是

譯注
4 斗栱：其形狀為上寬下窄，上寬部分可增加承重面積，但下窄部分又將承重收縮於一點。

必須考量的因素。例如，木鼻這類的雕刻物，在日本近世（1573～1868年）是有別於結構體的構件，得聘請專門的工匠雕刻，並發展出可以外加方式組裝的榫接技術。或是上檻（鴨居）及下檻（敷居），因為這種收納於柱與柱之間的長條材料，是在柱子設置後才裝設的，也須運用特有的榫接方式。又或者是將結構材破損、腐朽的部分加以切割、補上木料的修補工作，也需要可將取下來的構件裝回結構體的榫接技術。

室町時代（1336～1573年）中期以前，橫材的接合處一般都是設在下方有支撐物的位置，但後代則出現了接合處偏離支撐位置的情形。前者稱做「真繼」，後者稱做「持出繼」。這種變化剛開始只出現在不外露的構件（野材）上，不久後也可見於裝飾材（化粧材）上。接合處設於下方有支撐物的真繼，由於對接（繼手）處與承重材的直交接合處（仕口）重疊，材料通常會被削去較多部分；普遍認為，是為了避免這種情況，才於日本中世（1185～1573年）發展出接合處偏離支撐位置的持出繼。另外，想要更有效而充分地使用木材，可能也是持出繼出現的原因。畢竟，木材以何種形態供人使用，向來都是人們所考量的重點之一。

榫接的基本型與合成型

前面所提及的種種因素，都影響著歷史上榫接的發展，從而演變出豐富多變的工法。為了因應構件接合處的各種條件，

創造出許許多多複雜的榫接類型。結果，榫接成為了優秀工藝技術的表徵，引發人們觀賞的興趣。當我們將許多複雜的榫接類型放在一起相互比較後，可以發現一些原則，像是：用在某一種榫接的形狀，也同樣會使用在別種榫接上；甚至，將那些已經定型的形狀再加以組合，就能創造出更複雜多變的榫接形態。

榫接的名稱也值得關注。例如，日文名為「両目違片車知鎌繼」的對接工法，組成這個名稱的「企口榫接合」（目違繼）、「薄片狀木栓接合」（車知繼）、「蛇首榫接合」（鎌繼）等，都是可以各自獨立的榫接方式，這說明了，即便是名稱與榫接形態都很複雜的類型，也可以區分成數個單純的形式來加以理解。

因此，榫接類型大致可分為「基本型」和「合成型」。基本型是組成榫接形態的基本單位，它們各自也是一種獨立的榫接類型，而將基本型加以組合者就稱為合成型。不同的基本型具有不同的特徵，例如有強度上的優點，可對抗張力、撓曲強度高等；或是較為美觀，接合處呈現出清爽的線條、可防止縫隙產生等。而將這些基本型加以合成為複雜的榫接類型，則是為了因應在接合處上的複雜問題。

綜觀日本木造建築中榫接技術的歷史，可知時間愈往現代推進，不僅基本型的種類隨之增加，而且將它們合成為接合部位的設計方法也愈加明確。雖然一般認為古代已經有合成基本型的方法，但目前仍無法斷定當時的人們是否在具有這種自

覺的情況下加以利用。因為在古代，這種非基本型、也就是經過合成的榫接種類仍不算多，可視為合成型的例子，仍侷限於組合「斜角接合」（留）（兩構件接合處的角度，是構件本身組合角度的一半）與「半搭接合」（相欠）或「方榫」（ほぞ），或是合成「蛇首榫」（鎌）與「斜接」（殺ぎ）等例。雖說如此，確實還是可以在古代找到基本型的合成例子，這樣的做法也延續到日本中世並加以發展。因此接下來將以基本型、合成型的觀點，來說明介紹各式各樣的傳統榫接方式。

歷史悠久的榫接，幾乎只有在建築物解體時才得以一窺全貌。日本於昭和四年（1929年）制定的國寶保存法中，規定在建築修復後，須將工程圖說、經費明細、調查內容等彙整成「修理工事報告書」。藉由這些報告，今日的我們得以了解在建築文化資產修復過程中取得的榫接知識。本書的寫作基礎正是源自於此。此外，本書中所載錄的各種榫接圖示，幾乎都出自於集結了許多榫接圖示的《文化財建造物傳統技法集成》，而該書的圖示來源也是眾多建築物的修理工事報告書。本書所參酌的其他報告書、文獻，則記錄在文末的參考文獻。另一方面，本書在重新描摹圖示時，省略或簡化了構件的裝飾線條、木料弧面（丸身）、周圍其他構件等部分，為的是讓讀者能更容易理解。最後，在此衷心感謝風基建設株式會社的渡邊隆先生，書中多種榫接技術都是來自於他的傳授。

參考文獻

- 《文化財建造物傳統技法集成》（財）文化財建造物保存技術協會編著出版，1986年
- 源愛日兒，〈接合〉《現代建築的發想》丸善，1989年
- 內田祥哉，《在來構法的研究──木造榫卯》（財）住宅綜合研究財團，1993年
- 若山滋、麓和善編著，《日本建築古典叢書8 近世建築書──構法雛形》大龍堂書店，1993年

1-3、1-4圖示參考文獻

- 中村達太郎，《日本建築詞彙》丸善，1906年
- 《文化財建造物傳統技法集成》（財）文化財建造物保存技術協會編著出版，1986年
- 佐久間田之助，《日本建築工作法》槙書店，1950年
- 《重要文化財宇和島城天守修理工事報告書》宇和島市編著出版，1962年
- 《法隆寺國寶保存工事報告書第六冊、國寶建造物法隆寺大講堂修理工事報告》法隆寺國寶保存事業部，1931年
- 遠藤於菟，《日本建築構造圖說》大倉書店，1936年
- 整軒玄魚校、大賀範國圖，《番匠作事往來》嘉永1850年間
- 《飛驒國分寺本堂》重要文化財國分寺本堂修理工事委員會編輯出版，1955年
- 奈良縣文化財保存事務所，《重要文化財高木家住宅修理工事報告書》奈良縣教育委員會，1979年
- 奈良縣文化財保存事務所，《重要文化財豐田家住宅修理工事報告書》奈良縣教育委員會，1976年

延曆寺轉法輪堂（滋賀，1347 年左右），《重要文化財延曆寺轉法輪堂（釋迦堂）修理工事報告書》滋賀縣教育委員會事務局社會教育課編輯發行，1959 年

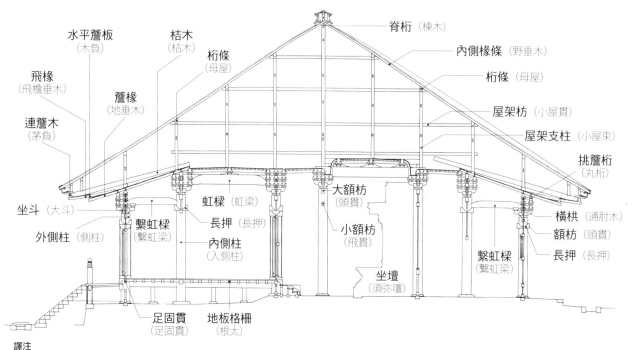

水平簷板（木負）
飛椽（飛檐垂木）
桔木（桔木）
連簷木（茅負）
簷椽（地垂木）
桁條（母屋）
脊桁（棟木）
內側椽條（野垂木）
桁條（母屋）
屋架枋（小屋貫）
屋架支柱（小屋束）
挑簷桁（丸桁）
坐斗（大斗）
外側柱（側柱）
繫虹樑（繫虹梁）
虹樑（虹梁）
長押（長押）
內側柱（入側柱）
大額枋（頭貫）
小額枋（飛貫）
坐壇（須弥壇）
繫虹樑（繫虹梁）
橫栱（通肘木）
額枋（頭貫）
長押（長押）
足固貫（足固貫）
地板格柵（根太）

譯注
足固貫：地板下連接柱體的橫木　　長押：裝飾橫木

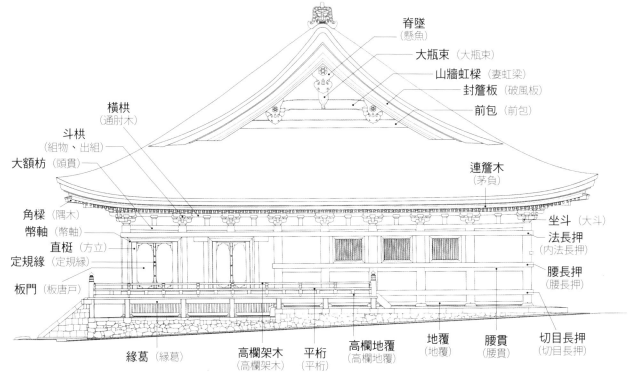

橫栱（通肘木）
斗栱（組物、出組）
大額枋（頭貫）
角樑（隅木）
幣軸（幣軸）
直梃（方立）
定規緣（定規緣）
板門（板唐戶）
脊墜（懸魚）
大瓶束（大瓶束）
山牆虹樑（妻虹梁）
封簷板（破風板）
前包（前包）
連簷木（茅負）
坐斗（大斗）
法長押（內法長押）
腰長押（腰長押）
切目長押（切目長押）
緣葛（緣葛）
高欄架木（高欄架木）
平桁（平桁）
高欄地覆（高欄地覆）
地覆（地覆）
腰貫（腰貫）

譯注
幣軸：門框上及兩側的裝飾板
定規緣：縱向設於門扇邊遮擋兩門扇中間縫隙的木條
高欄架木：欄杆上方橫木

平桁：欄杆中段橫木
高欄地覆：欄杆底部橫木
地覆：底部橫木

大瓶束：圓形瓶狀短柱
前包：山牆下方橫木
腰貫：窗戶下方的枋

落掛（落掛け）　床柱（床柱）　長押（長押）

雛留（雛留）　　　　無目（無目）

譯注
落掛：和室中床之間上方小壁下緣的橫木
床柱：床之間旁的柱子
雛留：裝飾橫木的收邊工法之一，長押截斷於床柱向內約1/6處，在其
木材端口處接合同一種木材以遮掩端口處
無目：無溝槽的上檻

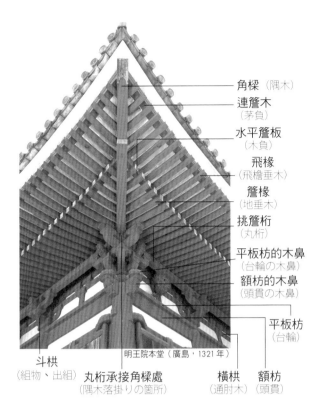

角樑（隅木）
連簷木（茅負）
水平簷板（木負）
飛椽（飛檐垂木）
簷椽（地垂木）
挑簷桁（丸桁）
平板枋的木鼻（台輪の木鼻）
額枋的木鼻（頭貫の木鼻）
平板枋（台輪）

斗栱（組物、出組）
丸桁承接角樑處（隅木落掛りの箇所）
橫栱（通肘木）
額枋（頭貫）

明王院本堂（廣島，1321 年）

1 用於傳統建築的榫接

屋架樑（小屋梁）　敷樑（敷梁）　指樑（指梁）

指鴨居（指鴨居）

指樑的榫頭鼻栓（指梁のほぞ指鼻栓）

坂野家住宅（茨城，江戶中葉）

譯注
指鴨居：較寬大的上檻

飛椽（飛檐垂木）　桁（桁）　連簷木（茅負）　角樑（隅木）

淨琉璃寺本堂（京都，1107 年）

簷椽（地垂木）　水平簷板（木負）　釘隱（釘隱）　曲形拱（舟肘木）　桁承接角樑處（桁の隅木落掛り）

譯注
釘隱：遮蓋釘子的金具

基本型榫接

文：源愛日兒　圖：西澤俊太郎

　　製作榫接時會將各種基本型加以合成，以因應接合處各式各樣的需求。在基本型中，有可單獨用於榫接的類型，也有無法單獨存在的類型。以下將以示意圖說明基本型的種類，以及基本型的接合面組成。不過，因為榫接在實際使用上，無論是構件尺寸、或承重等條件都相當多變，因此可能會與下列示意圖的比例關係不盡相同。除此之外，下列示意圖也只表示出部分構件組裝時的相對位置關係。

平接（突付）

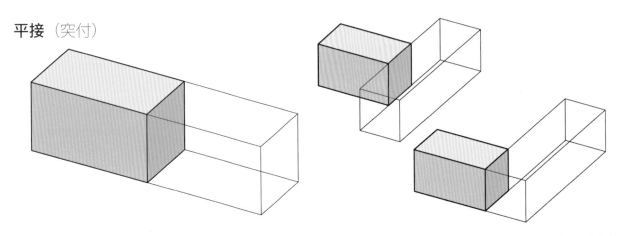

　　當兩構件不需強而有力的接合時，可採用平接（突付）。更積極的意義是，相對於外觀的接合處偏離柱筋時會使用斜接（殺），當裝飾材在柱子頂端等支撐位置接合時，則會採用平接。除此之外，平接還可用來稱呼方榫（ほぞ）等凸型基本型榫頭周邊的平面部分，此部分一般稱做榫肩（胴付）或榫頭窄邊側面（鑿隱）。

斜接（殺）

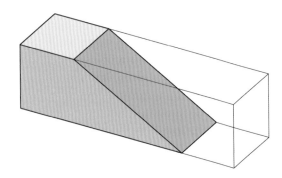

　　在偏離支撐位置的地方接合裝飾材、尤其是室內裝修材時，會在外觀的側面接合處做成斜接（殺）的形態。除此之外，兩構件在支撐處重疊接合，並用釘子固定於支撐材上的情況也稱做斜接。

斜角接合（留）

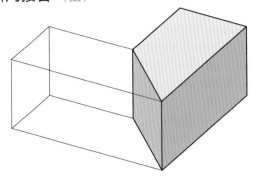

　　當兩構件不以一直線、而是以某種角度接合時，用介於兩者中間的傾斜角度來接合的形態，就稱做斜角接合（留）。自古以來，當同一構材以角度接合時，就會使用斜角接合這一基本型。對具有平面或裝飾線板的構件來說，只要接合處表面帶有角度，必然會形成斜角接合的形態。

切槽接合（欠込）

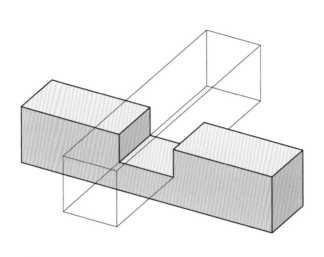

切槽接合（欠込）是指兩構件接合時，其中一構件不做任何加工，直接嵌入另一構件的溝槽內接合。據此定義，右邊的嵌槽接合（大入）、下方的單槽嵌榫接合（輪薙込）等基本型也可被視為是切槽接合的一種。

嵌槽接合（大入）

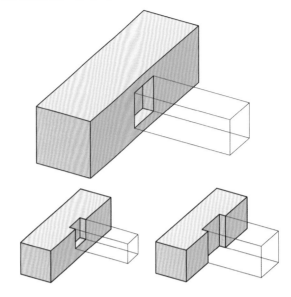

嵌槽接合（大入）是指兩構件接合時，在其中一構件的側面挖鑿契合另一構件斷面的溝槽，並以Ｔ形或ㄩ形方式接合。這類接合方式會受材料的尺寸大小、相對位置等影響，不一定與示意圖上的接合結構相同。

單槽嵌榫接合（輪薙込）

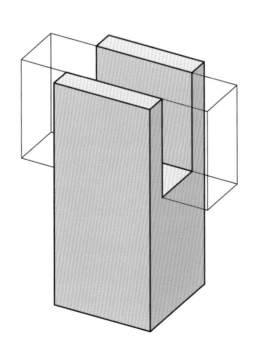
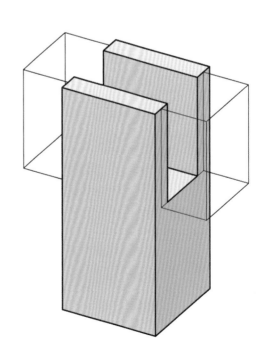

單槽嵌榫接合（輪薙込）這種基本型，若呈現如左上圖的接合方式，也可視做是切槽接合（欠込）的一種；但一般是指如右上圖般在柱子、瓜柱（束）等構件上嵌入橫材的形態。

勾齒搭接（渡りあご）

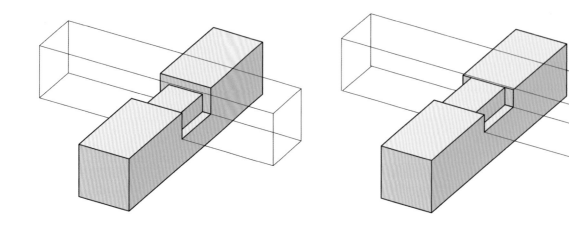

在兩構件的交叉處，下方木料的切槽部分之上留有凸出的「顎」形。如此一來，不僅可減少下方木料斷面處須削去的部分，也因為上方木料的榫孔兩側恰好可搭接在下方木料上，而能呈現較穩定的狀態。

半搭接合（相欠）

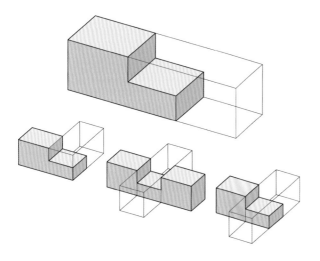

相接的兩構件均設切槽的形態稱做半搭接合（相欠）。如上圖所示，這類基本型不只用在對接，還包括 L 形、Ｔ形、十字形等接合處。特別是厚度（相對於橫材幅寬的高）相當的兩構件，以同樣高度呈十字交叉時，必定會使用半搭接合的形態。而對接的薄片狀木栓半搭接合（相欠・車知）請參考第 35 頁的基本型鯱榫接合（竿・車知）。

小型半搭接合（腰掛）

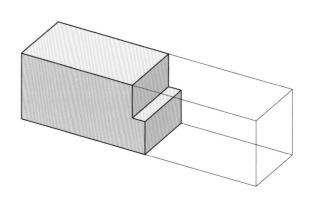

是使用在對接的小型半搭接合（相欠），出現於室町時代（1336 ～ 1573 年）後期的基本型，和蛇首榫（鎌）、鳩尾榫（蟻）合成後，用於「持出繼」處。所謂的持出繼是指在偏離柱頭等承重位置接合構件的榫接形態。

貫穿榫（貫通し）

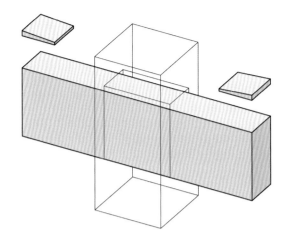

貫穿榫（貫通し）是用橫材貫穿直材、呈十字形的榫接基本型。在十二世紀末期，伴隨大佛樣建築一同傳入日本，是一種顛覆了既有結構的交叉榫接（仕口）技術。由於大佛樣建築中的穿枋（貫）結構是種將穿枋與柱做成立體格子狀的結構，這也讓建築尺寸的精密程度、計畫性等變得重要。

端搭接合（略鎌）

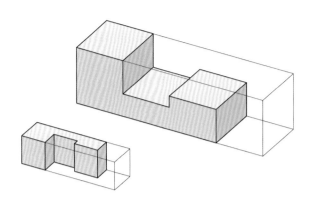

端搭接合（略鎌）有將半搭接合（相欠）構件前端延伸成凸出部分以抵抗拉力的形態，也有將蛇首榫（鎌）依木材長軸的中心線一分為二的形態，或許這也是它在日文中稱做「略鎌」的原因。端搭接合是大佛樣建築穿枋（貫）結構中的榫接方式之一，一般認為它是隨著大佛樣建築技術漸趨日本化後所確立的基本型。日本中世（1185〜1573年）中期以後開始擴展應用層面，除了穿枋以外，也被用在屋架、地板基礎等不外露的地方。

方榫（柄、ほぞ）

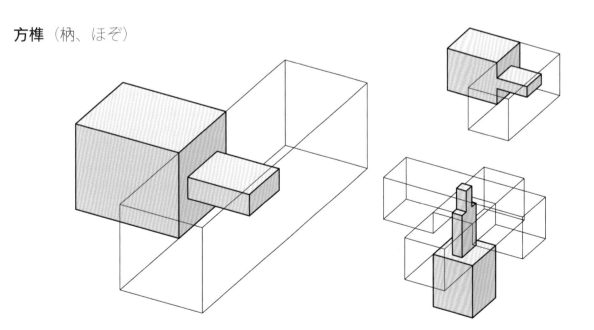

方榫（ほぞ）是尺寸相近的兩構件在進行直角、斜角接合時，為了抵抗拉力以外的偏移時所使用的基本型。形態上是一構件的榫頭朝另一構件的長軸方向插入接合，也可與鼻栓、插栓（込栓）、割楔等形態組合以抵抗拉力。

企口榫（目違）

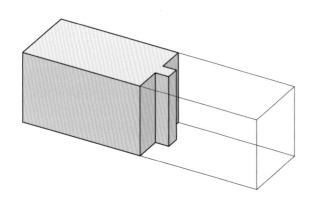

露面榫（入輪）

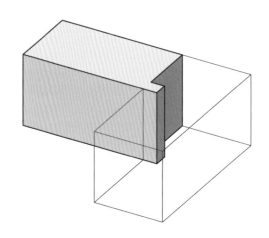

企口榫（目違）是一種運用廣泛的基本形。它與方榫（ほぞ）都是呈凸形的基本型，但相對於方榫的榫頭四面皆埋入榫孔中，企口榫的榫頭會露出一側或兩側的表面，除了可以朝木材長軸方向插入接合，也可以沿著榫頭方向加以組裝。除此之外，企口榫的凸出部分也比方榫來得短一些。

露面榫（入輪）也稱做「襟輪」，與企口榫（目違）的不同之處在於，露面榫是將木料的其中一側延伸成凸出的榫頭，因此只有一邊的榫肩（胴付）；而企口榫則有兩邊的榫肩。露面榫若是用在外露的接合處，一般是為了防止接合處產生縫隙。此外在柱與繫樑的直交接合處，為了分散方榫（ほぞ）的荷重，也會在其榫頭下方使用水平的露面榫。

三缺榫（三枚組）

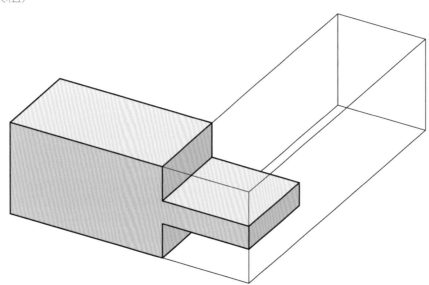

三缺榫（三枚組）是日本古代極具特色的基本型，但自中世（1185～1573年）以來已經變得相當少見。常見在平板枋（台輪）、長押等橫木構件的L形接合處。

蛇首榫（鎌）

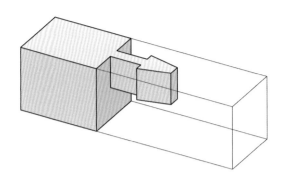

蛇首榫（鎌）主要用於構件的對接，是有助於抵抗拉力的基本型。也因此，自古以來就被用在桁（桁）、桁條（母屋）、脊桁（棟木）等部分。這種榫接的接合部需要留設一定的長度，所以較少用於帶角度接合（仕口），但仍有被稱為蛇首榫搭接（落し鎌）的例子。

鳩尾榫（蟻）

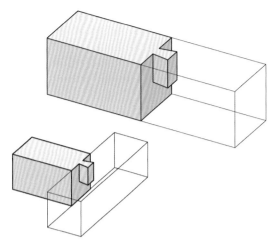

鳩尾榫（蟻）這種基本型也是有助於抵抗拉力的形態，自古以來就被使用在製作木棺、日常器具、家具等器物上，但卻直到日本中世（1185～1573年）以後才正式運用於建築中。雖然鳩尾榫抵抗拉力的強度不及蛇首榫，卻因為只需要較短的榫接長度，並且被加工成凹形的構件其木材纖維被破壞的程度較低，所以常用於帶角度接合（仕口）。

鯱榫接合（竿・車知）

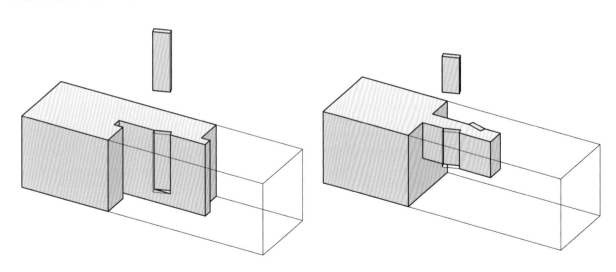

相對於蛇首榫（鎌）是採取下壓嵌入的方式接合，以創造出有助於抵抗拉力的榫接；鯱榫接合（竿・車知）日文名稱中的「竿」則是指朝木材長軸方向插入接合的長竿狀榫頭，至於相當於蛇首榫的榫頭嵌合處會使用薄片狀木栓（車知栓）。鯱榫接合用於須以插入接合方式進行接合處或室內裝修材的對接處。如同將蛇首榫（鎌）切成對半的形狀稱做端搭接合（略鎌），將鯱榫接合（竿・車知）切成對半的形狀則做「薄片狀木栓半搭接合」（相欠・車知）。

暗榫（箱）

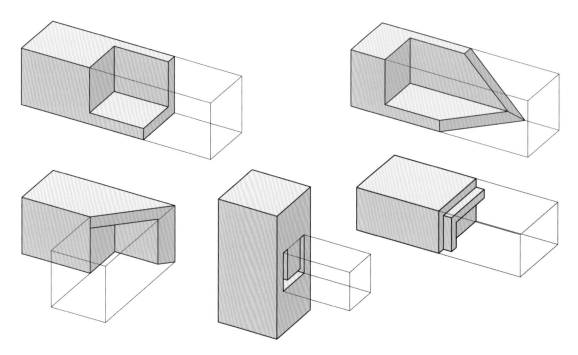

為了讓裝飾材及室內裝修材的外觀呈現出平接（突付）、斜接（殺ぎ）那樣簡潔筆直的接合線條，會在接合處運用曲折的薄片狀木栓半搭接合（相欠・車知），使木構件的兩或三面上都呈現出平接、斜接的樣貌。以下幾種結構也被視做暗榫：像是為了避免插入柱子的水平構件其外觀接合處產生縫隙，而在其左、右、下方三面鑿刻露面榫（入輪）；或者是為了避免構件彎曲造成接合處錯位，而在邊框等構件的榫接靠近外觀側面接合處，切割出L形企口榫（目違）。

嵌榫或鍵片（雇い）

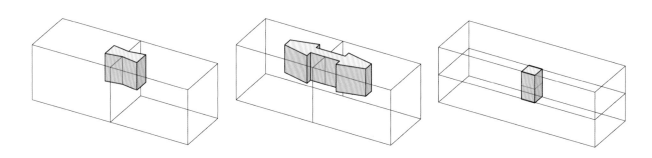

嵌榫或鍵片（雇い）是指在難以開鑿一般凸形基本型的部分，使用不屬於對接兩構件的額外木料來鑲嵌拼接。嵌榫或鍵片的種類，除了有上圖所示、形狀對稱的鳩尾鍵片（雇い蟻）和蛇首鍵片（雇い鎌）之外，還有兩端不對稱的組合，如一端是鳩尾榫、一端是魷榫等。除此之外，日文稱做「太柄」、如方榫（ほぞ）形狀的嵌榫，是日本古代沿用至今的榫接構件。

栓類 （栓）

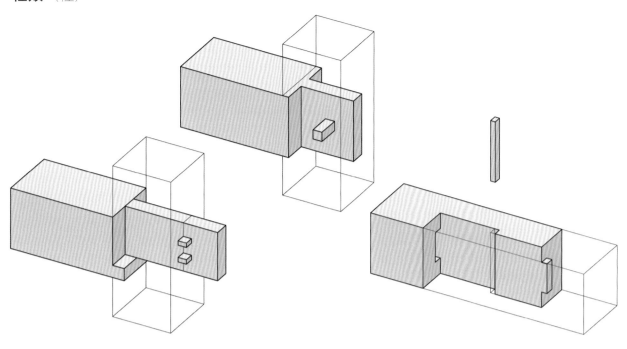

栓是用硬木製成的木片，不屬於榫接兩構件，可額外用來增加榫接部位的強度。而讓方榫（ほぞ）變得足以抵抗拉力的則有鼻栓、插栓（込栓）等種類。鼻栓貫穿了方榫的前端並凸出於榫頭，藉由卡在前端以抵抗拉力。插栓也可稱做「縫栓」，貫穿了榫接在一起的兩構件，以強化接合強度。至於內側露面榫帶插栓接合（包み尻挾継）這類榫接類型，如上圖所示，是在端搭接合（略鎌）的木材端面處鑿刻出方榫而成。組裝最後要將稱做埋栓的木栓填嵌入嵌合處的縫隙，才告完工。鯱榫接合（竿・車知）所使用的薄片狀木栓（車知栓）也屬於栓類的一種。

楔類 （楔）

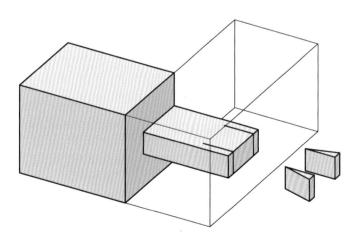

栓、薄片狀木栓（車知栓）所插入的榫孔都是愈前端愈狹窄，因而可藉由敲入栓類使構件的榫接部分更加緊密，這些都是在結構上能有效穩固榫接的做法。而楔則是三角形木片，以塞入方式讓榫接處緊密。種類包括貫穿榫（貫通し）的楔片、及上圖所示的割楔等。

合成型榫接

文：源愛日兒　圖：西澤俊太郎

① 斜角接合（留）、三缺榫（三枚組）

位於醍醐寺五重塔的平板枋外角

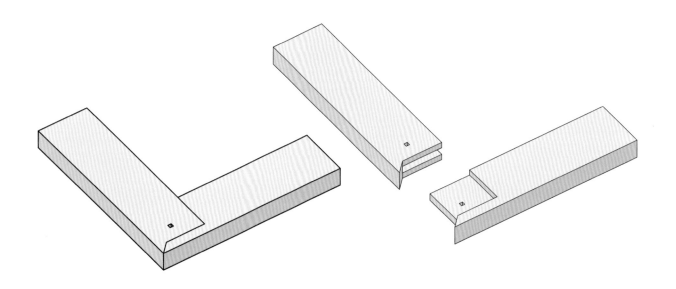

先以醍醐寺五重塔（京都，952年）的例子，來說明日本古代基本型榫接的合成。其平板枋（台輪）的外角接合處，使用了基本型中的斜角接合（留）與三缺榫（三枚組）。平板枋（台輪）是日本古代塔、禪宗樣等類建築裡，架於柱頭與坐斗（大斗）之間的平板狀構件。就這兩種基本型個別來看，法隆寺五重塔（奈良，八世紀初）的平板枋早已運用了三缺榫接合，單坡屋簷的長押（裳腰長押）部分則運用了斜角接合。構件只以三缺榫接合時會露出木材斷面（木口），不僅造成斷面容易吸濕、風化的缺點，外觀上斷面與側面的質感也明顯不同，因此才進一步發展出以遮掩斷面為目的的榫接方式。上圖所示的合

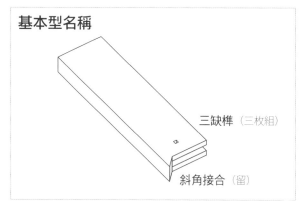

基本型名稱

三缺榫（三枚組）

斜角接合（留）

成型，就是以斜角接合方式遮蓋三缺榫榫頭的形態。不僅如此，斜角接合更具有使接合的兩構件在外觀上呈現對等狀態的功能。平板枋的幅寬較柱子來得寬，當人們由柱子下方往上仰看時，可看到橫向露出的平板枋，因此這種榫接會在外觀上呈現出斜角接合的樣子。

② 斜角接合（留）、方榫（ほぞ）

位於久安寺樓門的内法長押[1] 外角

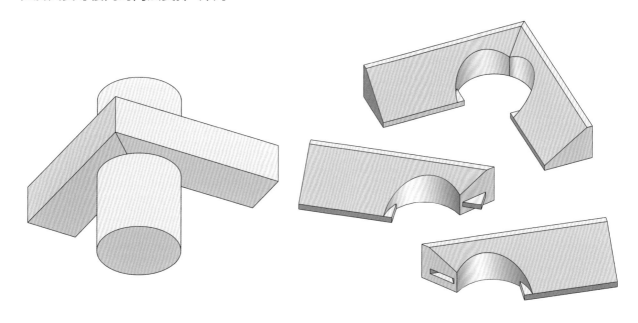

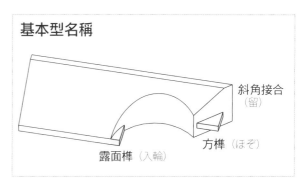

基本型名稱

斜角接合（留）

方榫（ほぞ）

露面榫（入輪）

項目①介紹了斜角接合（留）與三缺榫（三枚組）的合成型，接下來將介紹數種包含斜角接合的合成型。長押是設置在柱子外側的裝飾橫木，設置高度則不固定。在日本古代，它原本是設在出入口的門軸，後來轉變成連接柱子的構材。直至日本中世（1185～1573年），人們開始使用穿枋（貫）來連接柱子後，長押在設計上的意涵及表現變得更為重要。雖然長押的榫接在某些部分與設置高度有關，但由於是被夾於柱子之間的結構，因此會出現外角（出隅）、内角（入隅）等不同的帶角度接合（仕口）模式。圍繞在柱列外側的長押會形成外角，並使用釘類固定於柱子上，因此長押之間的連接較不被重視。但在日本古代因為只有斜角接合（留）的榫接方式，只能將長押以釘子固定於柱子上，而且由於釘點偏離其梯形斷面的重

心，使得長押可能因本身的重量而下垂、轉動。到日本中世時，為了防止這些情況發生，普遍會加以運用露面榫（入輪）來接合柱子與長押。上圖是久安寺樓門（大阪，室町時代〔1336～1573年〕中期）的内法長押，在其斜角接合處加工合成了方榫（ほぞ），且為了避免外角處的長押上下偏移滑動，另以釘子、露面榫固定在柱子上。

譯注
1 内法長押：上檻上方的裝飾橫木。

③ 斜角接合 (留)、企口榫 (目違)、蝴蝶榫 (雇蟻 [契蟻])

位於那谷寺書院的內法長押外角

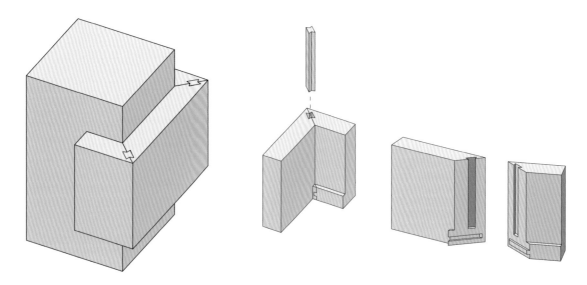

長押外角（出隅）處的榫接方式，之後除了將斜角接合（留）合成項目②的方榫（ほぞ）、或是企口榫（目違）之外，並未出現太大的變化。在很長一段時期裡，外角兩側的長押各自都只以釘子固定於柱子上，未出現將兩者組合、接續的榫接方式。儘管有時也會以名為「釘隱」的金具裝飾遮蓋釘子，不過和釘[2]本身就相當堅固耐久。直到日本近世（1573～1868年）後，才出現如上圖中在接合處使用嵌榫或鍵片（雇い）的榫接方式，也就是在長押的斜角接合處嵌入稱做蝴蝶榫（契蟻）的嵌榫。蝴蝶榫是由對稱的鳩尾榫（蟻）組合而成，其斷面呈鼓形。上圖是以那谷寺書院（石川，1640年）的床之間周邊（床廻り）為例，它同樣也以釘子固定於柱子上，再用釘隱裝飾。在這類書院建築中，長押的厚度較薄，且在接觸

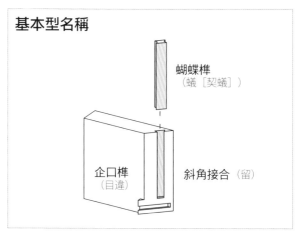

基本型名稱

蝴蝶榫
（蟻 [契蟻]）

企口榫
（目違）

斜角接合
（留）

柱子的部分會削得更薄，雖然使它容易變形，但同時也因為它與人的距離更近，而發展出相當精密且無縫隙的榫接方式。在日本近世的大工書中也繪有這類長押。此外，雖然蝴蝶榫的出現較晚，但在鎌倉時代（1185～1333年）後期已可找到相關案例，仍是相當古老的工法之一。

譯注
2 和釘：相對於圓型平頭的西式釘子，和釘是日本傳統特有的釘子，其斷面呈四方形。

④斜角接合 (留)、露面榫 (入輪)
用於長押

露面榫 (入輪)
用於柱·長押

位於如意寺阿彌陀堂的長押內角

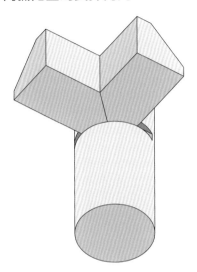

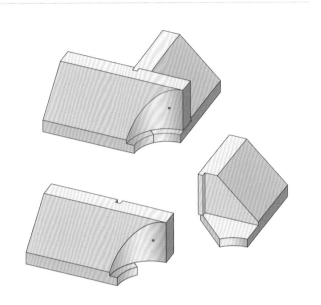

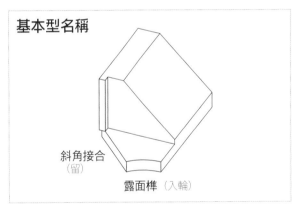

　　相對於外角處的長押，在內角處以垂直相交的兩側長押，難以各自釘在柱上固定。上圖是如意寺阿彌陀堂（兵庫，鎌倉時代〔1185～1333年〕前期）內、圍繞在四根柱子內側的長押上所用的榫接。其組合方式是其中一側的長押前端較凸出，並以釘子固定於柱上。長押底部接合處考量到由下往上看的美觀，特意做成斜角接合（留）的樣貌，而長押與柱子的接合處、接續斜角（留め）的部分則以露面榫（入輪）插入柱子。兩側長押之間以露面榫接合，榫頭高度超過長押斷面的一半。也就是說，長押之間的榫接是斜角接合與露面榫的合成型。內角處的長押，在日本古代曾有只以斜角接合（大留）的例子，但日本中世（1185～1573年）以後，上圖所示這種斜角接合與露面榫的合成型則變成

基本型名稱

斜角接合
（留）

露面榫（入輪）

主流。至於長押與柱子的露面榫接合，由於只有一側的長押被釘在柱上，因此嵌入柱子的露面榫同時具有支撐長押的功能。相對於此，長押之間以露面榫接合，則是為了防止兩構件因偏移產生縫隙。因為柱與長押的榫接並不穩定，使得接合處的偏移成為一項須解決的課題。在日後的長押內角處，可發現許多人們用來解決這些問題的嘗試。

⑤斜角接合（留）、露面榫（入輪）、方榫·鼻栓（榫頭鼻栓）（ほぞ·鼻栓［ほぞ指鼻栓］）、企口榫（目違）

位於圓成寺本堂的長押內角

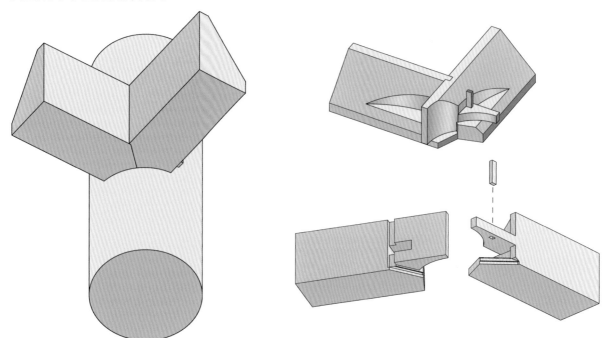

針對長押內角處的榫接產生偏移的問題，以下將以圓成寺本堂（奈良，1472年）為例，說明後來是採用何種方式解決。如上圖所示，這種榫接是以項目④的榫接為基礎，再合成方榫（ほぞ）、鼻栓與企口榫（目違）。在這種榫接中，會以榫頭鼻栓來緊密接合兩構件。榫頭鼻栓約莫出現於鎌倉時代（1185～1333年）後期的社寺建築，但推測應是早在日本古代即已存在的技術。另一方面，透過在斜角接合（留）的斷面處加工出細長凸出形態的企口榫，則可防止薄片狀的斜角接合處產生上下偏移，也有助於在長押產生左右偏移時不致露出縫隙。而且，上圖的榫接還有另一個特色，那就是露面榫（入輪）延伸

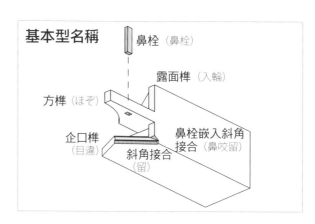

基本型名稱

鼻栓（鼻栓）

露面榫（入輪）

方榫（ほぞ）

企口榫（目違）

斜角接合（留）

鼻栓嵌入斜角接合（鼻咬留）

至長押底端的部分會配合斜角接合處的內角緩緩削短，形成三角形的斜面，使斜角接合處的側面不致出現縫隙。這一手法在《日本建築工作法》中稱做鼻栓嵌入斜角接合（鼻咬留）。總結來說，這種榫接在該如何呈現裝飾材接合處的課題上，就連細節都納入了考量。

⑥斜角接合（雛留）(留［雛留］)、鳩尾榫 (蟻)

用於床柱及長押

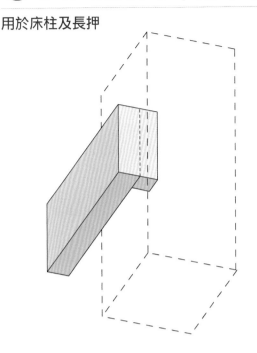

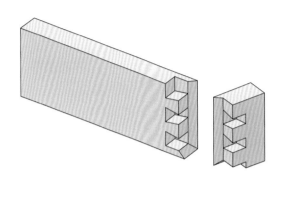

和室內的長押在床之間旁的床柱等處截斷時，會使用稱為「雛留」的斜角接合（留）。相對於前面所介紹用於長押轉角處（隅部）的榫接（仕口），雛留運用了不同的斜角接合方式。為了遮掩其中一端粗糙的斷面（木口），會使用與長押相同的小片木料覆蓋，兩者的接合處配合長押間的轉角，使底面及側面在外觀上呈現出沒有另外加工接合的樣子。項目①的榫接，是以斜角接合方式使左右兩側的平板枋（台輪）形成相對等的斜角，無論頂面、底面的斜角角度都相同，但由側面觀看時，其接合部分的接縫恰好與轉角折線一致、融入轉角中。而雛留正是利用這項接合特點，使底面、側面的接縫都呈現出與轉角一致的樣貌。類似的斜角接合方式也可見於地面板材的端口處、一種稱做「端燕」的工法。日本近世（1573～1868年）

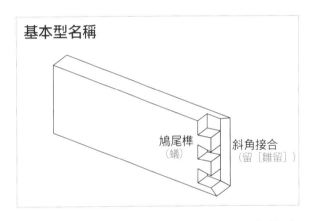

基本型名稱

鳩尾榫（蟻）　斜角接合（留［雛留］）

則將這種接縫恰好位於轉角處的斜角接合稱做「燕」。

日本近世也有不少將床柱的長押端部截斷後便維持原貌不再加工的例子，雛留應是較新穎的接合方式。上圖所示的雛留，是將覆蓋長押斷面處的小木片以鳩尾榫（蟻）接合，但其實也可採用其他方式，不是非鳩尾榫不可。此外，上圖雖是以《日本建築工作法》為基礎重繪，但原書中的雛留是配合長押面上的倒角來設置接縫。

⑦ 半搭接合 (相欠)、斜角接合 (留)

位於泉福寺開山堂的平板枋木鼻

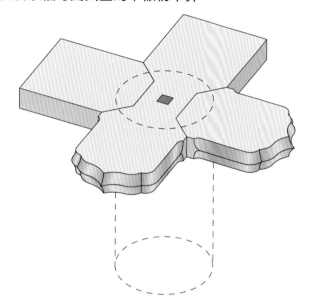

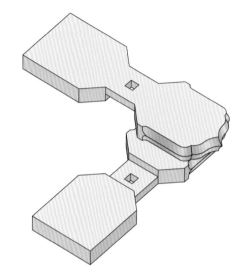

項目①所說明的斜角接合（留），是一種表現出接合兩構件對等關係的基本型。在大多數的案例裡，即便外觀為斜角接合，內側卻常運用、組合不同的基本型榫接來固定。上圖為泉福寺開山堂（大分，1636年）的平板枋（台輪）木鼻處所用的榫接，有別於項目①醍醐寺五重塔的平板枋，本例是在柱體外側延伸出稱做「木鼻」的部分，且平板枋的幅寬大於下方承接的額枋（頭貫）、柱子等。直交的平板枋在下方形成四個內角，且外顯於開山堂的內外。為了讓直交接合的平板枋在組合後仍能維持同樣的厚度，在接合處必須運用半搭接合（相欠）的手法將兩構件分別加工製成凹槽，並在外觀可見到的四個內角處合成斜角接合。斜角接合在此還有另一項作用，由於半搭接合會因兩構件經過削切，而在水平接面的上下層產生方向不同的縫隙，因此可透過合成斜角接合，使

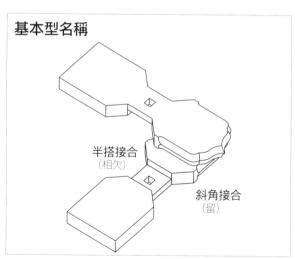

基本型名稱

半搭接合
(相欠)

斜角接合
(留)

外觀上看不出兩構件縫隙的高度落差。這種榫接除了運用在平板枋上，也會使用在桁等處。除此之外，也有其他的案例，雖然同樣運用了半搭接合與斜角接合的合成型，卻是基於完全迥異的理由。例如在天花板的格狀木條（天井格緣）這類呈平面或刻有裝飾線條的構件的交叉處，為了使轉角處的平面或裝飾線條在外觀上得以延續，有時就不得不使用斜角接合。

⑧ 半搭接合 (相欠) 、露面榫 (入輪)

位於不動院本堂的曲形栱轉角

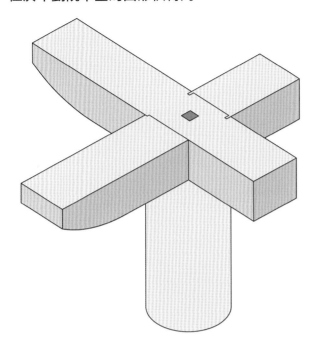

項目⑦中提過，十字交叉的構件以半搭接合（相欠）後接合處出現上下層相異方向縫隙的這項缺點，可透過斜角接合（留）的方式來遮掩。但在外觀不需呈現斜角接合樣貌的接合處，則是採用半搭接合與露面榫（入輪）的合成型做為解決方式。上圖是不動院本堂（奈良，1483年）內的曲形栱（舟肘木）轉角（隅部）處，角形的木鼻由建築轉角處向外凸出。由於曲形栱是直接在柱子的正上方接合，不被坐斗（大斗）等構件遮掩，栱木側邊的三處接合處會呈現在外觀上，剩下的一處接合處則位在堂內的內角處，隱藏於天花板內。基於這樣的特徵，在栱木外側會運用露面榫加以接合。運用露面榫的好處在於即使接合處有縫隙，也不會出現高度落差並可使縫隙的方向一致。這種半搭接合與

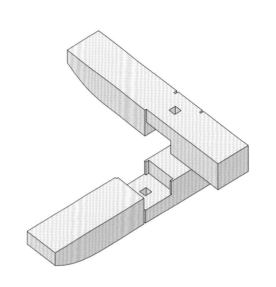

基本型名稱

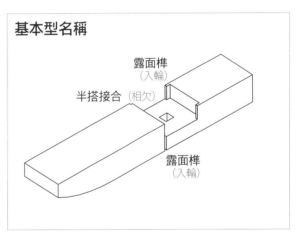

露面榫
（入輪）

半搭接合（相欠）

露面榫
（入輪）

露面榫的合成型榫接，自鎌倉時代開始的日本中世（1185～1573年）都可見到其案例。並且，有別於上圖中不動院本堂的榫接方式，其他案例中也有露面榫凸出到好像要貫穿朝向正面的栱木般的情況，讓人不禁認為或許這類榫接設計也考量到了建築物正面的外觀。

⑨半搭接合（斜搭接合）(相欠［捻組］)、
鳩尾榫(蟻)

位於油日神社拜殿的挑簷桁（承接角樑處）

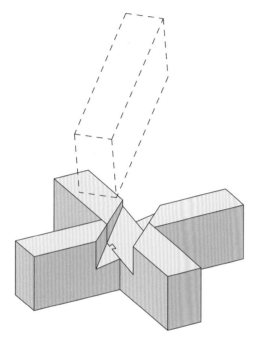

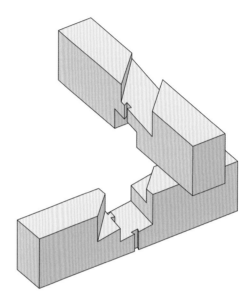

前頁說明的露面榫（入輪）除了可消除因半搭接合（相欠）所產生的縫隙高度落差之外，還具有其他功用。採用半搭接合時，由於構件接合處的木料被削去了一半，使得負重與內部應力之間的平衡崩壞，木材因此變得容易歪扭，露面榫則可有效避免這類的歪扭。不過一般來說，只會在栱木的單側加工設置露面榫，因此還是以項目⑧的方式來解釋較為合理。上圖是油日神社拜殿（滋賀，桃山時代〔1573～1603年〕）中挑簷桁（丸桁）轉角的榫接。由於挑簷桁上方承接著角樑（隅木），因此須依角樑的斜度削切溝槽，而且挑簷桁的半搭接合處也要在兩對角方向做出斜面。這種在承接角樑處（隅木落掛り）的傾斜式半搭接合稱做斜搭接合（捻組）。

基本型名稱

半搭接合（斜搭接合）
(相欠［捻組］)

鳩尾榫
(蟻)

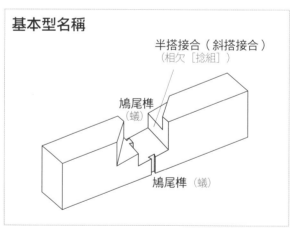

鳩尾榫 (蟻)

挑簷桁因為加工設有用來承接角樑、及進行半搭接合的兩種溝槽，斷面處變得相當窄小，因此更容易歪扭。特別是挑簷桁前端的木鼻，因為只承接了裝飾椽條（化粧垂木），沒有其他可減緩歪扭的構件，所以會在木鼻的側面合成鳩尾榫（蟻），以防止木鼻產生歪扭。

⑩ 蛇首榫接合 (鎌[鎌継])

用於桁

勾齒搭接 (渡りあご)

用於桁・虹樑

位於法隆寺東室的桁

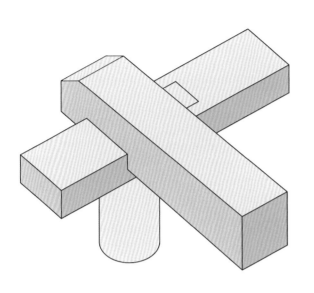

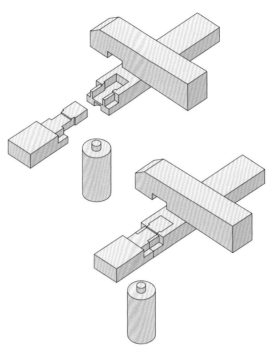

自古代流傳下來的榫接手法中基本型的種類不多，合成型的案例也少，大抵就像項目①介紹的斜角接合（留）與三缺榫（三枚組）的合成型那樣，充其量只是將兩種基本型組合在一起。請試著回想前面介紹的斜角接合的合成案例，可以發現它們幾乎都是考量到接合處的外觀，而陸續發展出具複雜細節的榫接方式。只要各構件之間須以某個角度組合，就勢必要運用帶角度接合（仕口），但對接（継手）則不在此限。以補足長度為目的的「對接」，最理想的功能應在於維持構件的延續狀態，且相較於日本中世（1185～1573年）以後，古代將同一種構件相互連接的榫接種類並不多。舉例來說，有在桁、橫栱（通肘木）等許多橫向構件上，使用蛇首榫接合（鎌継）這種可抵抗拉力的榫接；其他

基本型名稱

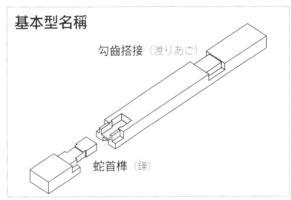

勾齒搭接 (渡りあご)

蛇首榫 (鎌)

也有在椽條（垂木）與脊桁（棟）之間的山形交叉處（拝み）、椽條對接處使用榫頭插栓（ほぞ指込栓）來接合的例子。上圖是法隆寺東室（奈良，奈良時代〔710～794年〕初期）桁的蛇首榫接合，桁與其上的虹樑（虹梁）之間是以勾齒搭接（渡りあご）進行榫接。這一個日本古代的蛇首榫具有特殊的形狀，是由平行與垂直木材長軸線的平面所構成，並不是蛇首狀。

1

用於傳統建築的榫接

47

⑪蛇首榫（鎌）、企口榫（目違）、小型半搭接合（腰掛）

用於桁等構件

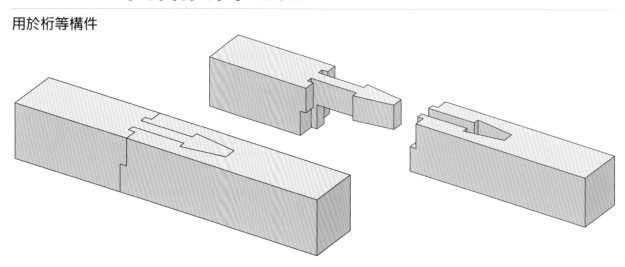

　　上圖是參考《日本建築詞彙》中的蛇首榫接合（鎌繼）插圖重繪而成，表現出了蛇首榫（鎌）與其他基本型合成的歷史淵源。首先是在日本古代末期至中世（1185～1573年）初期，蛇首榫榫頭的根部又加工製成企口榫（目違），可能是基於能增大撓曲強度、避免接合處的歪扭等考量的緣故。另外，雖然在該書中，將圖中位於小型半搭接合（腰掛）下方的企口榫（目違）稱為「腰入目違」，但從歷史來看，早在鎌倉時代（1185～1333年）初期，就已出現了榫肩處並未加工成小型半搭接合、但榫頭根部卻設有企口榫的蛇首榫類型。

　　進入十五世紀時，出現了在蛇首榫的兩側合成企口榫的例子。只單獨使用蛇首榫接合時，可能會因拉力將凹側的木材向外拉開，變得容易斷裂；但在加工企口榫後，既能抑制拉力的作用，也可防止木料斷裂。

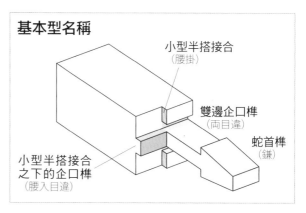

基本型名稱

小型半搭接合（腰掛）

雙邊企口榫（両目違）

蛇首榫（鎌）

小型半搭接合之下的企口榫（腰入目違）

　　久遠以前，對接（繼手）的形式以在柱子、橫架材上方接合構件的「真繼」較為普遍。直到室町時代（1336～1573年）中期，才發展出在偏離承重位置處接合構件的「持出繼」。最初，在屋架內側（小屋裏）、地板下方等處不外露構件（野材）的持出繼上，是運用斜面端搭接合（追掛繼，項目⑰）、布繼（項目⑯）等；蛇首榫接合則使用在裝飾材的真繼處。蛇首榫小型半搭接合（腰掛鎌繼）是稍後才出現的持出繼種類，小型半搭接合則是用來承接位置偏移時所產生的負重。

⑫蛇首榫 (鎌)、企口榫 (目違)、埋栓 (埋栓)

位於宇和島城天守的簷桁

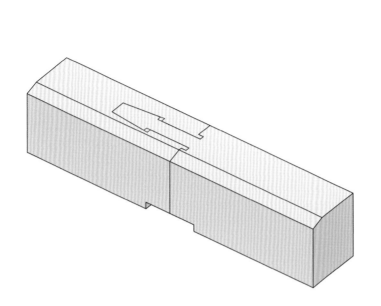

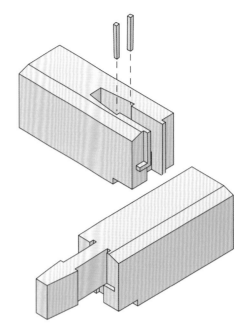

　　雖然蛇首榫（鎌）能夠抵抗拉力，但由於它是採取下壓嵌入的組合方式，因此上部接合處有不夠緊實的疑慮。上圖是宇和島城天守（愛媛，1662 ～ 1665 年）的簷桁（軒桁）。這種對接（継手）在蛇首榫榫孔的端面加工了兩處企口榫（目違），其中一處是所謂的 L 形企口榫（矩折目違），使得這種對接無法如普通的蛇首榫對接（鎌継）般以下壓嵌入的方式組合。這種蛇首榫的前端部分會將榫孔削切得比榫頭來得長些，約莫多出與企口榫深度相同的長度。進行組合時，首先要避開企口榫，將榫頭貼緊與榫孔相對的凹凸處後下壓嵌入。接著，再將兩邊的構件依木材長軸方向相對壓緊，使企口榫部分緊密接合，此時榫頭嵌合處會因此產生縫隙，所以最後一步是將埋栓敲入縫隙內，才算完成榫接。這是一種無論從哪個方向都難以分離

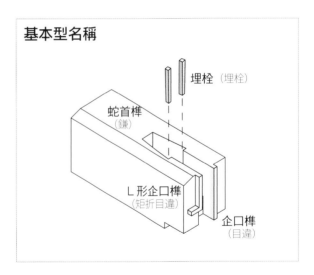

基本型名稱

埋栓 (埋栓)

蛇首榫 (鎌)

L 形企口榫 (矩折目違)

企口榫 (目違)

的對接，再加上可以傾斜角度將木栓敲打嵌入，接合處也相當緊密。因此，這種榫接不僅相當強固，也非常適合運用在裝飾材上。這類加上插栓以固定對接的工法，和項目⑱將介紹的、採用端搭接合（略鎌）的金輪継等都屬於同一類型，從室町時代（1336 ～ 1573 年）後期到近世（1573 ～ 1868 年）都可找到許多相關案例。

⑬ 貫穿榫 (貫通し)、端搭接合 (略鎌)、半搭接合 (相欠)、埋栓 (埋栓) 方榫 (ほぞ)、露面榫 (入輪)、埋栓 (埋栓)

位於淨土寺淨土堂的柱子及穿枋

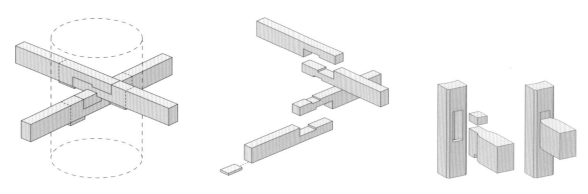

相較於日本中世（1185～1573年），古代的木結構大多屬於疊加形式，是以蛇首榫（鎌）、單槽嵌榫接合（輪薙込）、勾齒搭接（渡りあご）等基本型將構件下壓嵌入來接合。我們可藉由上圖一窺日本中世的建築結構，圖示取自淨土寺淨土堂（兵庫，1192年），是大佛樣的代表性建築之一，而大佛樣為由中國傳入日本的建築形式。左圖取自淨土堂內足固貫[3]與柱子的接合處。穿枋在柱內縱橫交錯，藉由圖示我們可以想像建築整體的結構是由立方格組合而成。

淨土堂的柱子圍繞出寬三間的四方形空間（三間四方），因此外觀上並不給予人強烈的立方格印象；但同屬大佛樣建築的東大寺南大門，則令人一眼就能看出其立方格狀的結構。這種以穿枋連接柱子的結構工法的出現，就許多方面來說，都讓日本的木造建築產生了極大的變革，並引導其後的發展方向。將話題轉回榫接上，

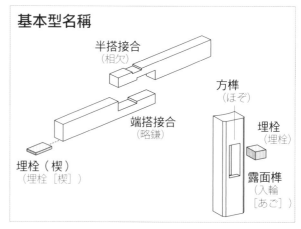

基本型名稱

- 半搭接合 (相欠)
- 端搭接合 (略鎌)
- 方榫 (ほぞ)
- 埋栓 (埋栓)
- 埋栓（楔）(埋栓 [楔])
- 露面榫 (入輪 [あご])

如今一般在柱內的穿枋會以端搭接合（略鎌）的方式相互連接，但大佛樣建築中尚未有這樣的慣例，無論是本頁右圖（淨土寺淨土堂添柱・穿枋），或項目⑭的案例，都是採取半搭咬合的形狀進行接合，且這類工法的關鍵，是在咬合部分填入栓來使接合穩固。然而，隨著大佛樣建築漸趨日本化，反倒接受了以端搭接合來連接穿枋的形式。

譯注
3 足固貫：地板下連接柱體的橫木。

⑭貫穿榫（貫通し）、半搭接合（相欠）、埋栓（埋栓）

位於東大寺南大門的柱子及橫栱

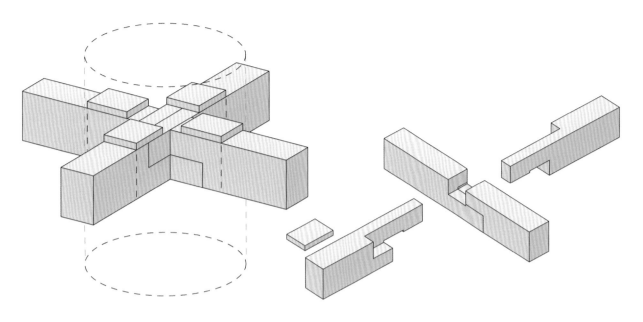

東大寺南大門（奈良，1199年）也屬於大佛樣建築，其橫栱（通肘木）（也可稱做穿枋〔貫〕）在柱內的接合方式有別於淨土寺淨土堂。如上圖所示，橫栱的榫接方式在對接部分是以左、右各自對半的構件進行半搭接合（相欠）；垂直接合部分則是以上、下各自對半的構件進行半搭接合。半搭接合雖然在對接的狀況下無法抵抗拉力，但可藉由垂直方向的接合使橫栱構件不致崩解。至於組合方式，是先在柱內將下方的橫栱接合，接著，將上方的橫栱抬高插入柱上的貫穿孔洞（需大於橫栱半搭接合處的厚度），再將直交的上、下構件以半搭接合方式卡實。由於構件接合完成後貫穿孔洞的上端會留下空隙，所以最後要填入栓，榫接才算大功告成。雖然東大寺南大門的榫接形態迥異於淨土寺

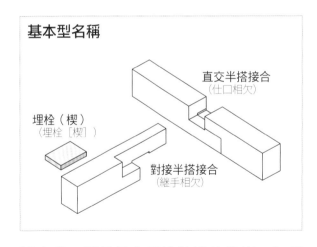

基本型名稱

直交半搭接合
（仕口相欠）

埋栓（楔）
（埋栓〔楔〕）

對接半搭接合
（継手相欠）

淨土堂，卻是具有同樣結構的榫接。如項目⑬所述，半搭咬合與埋栓兩者的組合是這類工法的關鍵所在。這種榫接中所用的栓具有實質上穩固榫接的作用，但在後來的穿枋結構中，這種使用半搭咬合與埋栓的直交榫接結構則相當少見，反倒是透過嵌入楔來施加壓力、使柱與穿枋密實接合的工法變得普及。

⑮ 端搭接合 (略鎌)

位於太山寺本堂的柱子及額枋

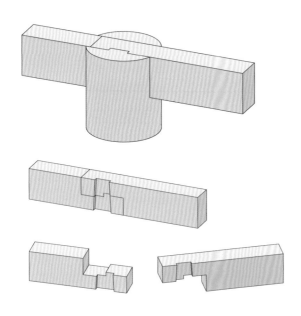

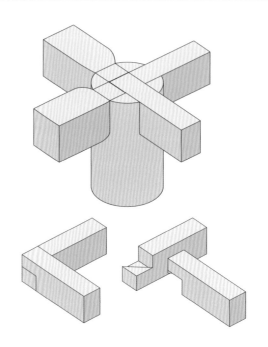

在大佛樣建築中，具有結構功能的榫接（項目⑬、⑭）並未能普及開來，當時所採用的方式其實是以端搭接合（略鎌）來連接穿枋，以「楔片」來組合柱與穿枋（貫）等。由此得知，過去人們是以形狀來理解木材的榫接。上方左圖取自太山寺本堂（兵庫，1285年），其額枋（頭貫）以端搭接合來連接，並藉由具有企口榫（目違〔あご〕）的單槽嵌榫（輪薙込）和柱子組合起來。這種接合方式，相較於日本古代額枋所使用的半搭接合（相欠），既可有效抵抗張力，也能增加柱子與額枋的接合強度。不過，同樣位在太山寺本堂內的足固貫卻是和呈交叉狀的穿枋側面進行平接（突付），因此難以認定當時人們已掌握了穿枋的工法。

上方右圖同樣取自太山寺本堂，是內側柱（入側柱）、額枋、繫虹樑（繫虹梁）

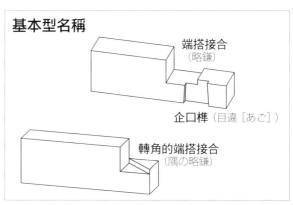

基本型名稱

端搭接合 (略鎌)

企口榫（目違〔あご〕）

轉角的端搭接合 (隅の略鎌)

等構件的榫接之處。大佛樣、禪宗樣建築在設計及結構上會運用半搭接合將額枋組合於隅柱上方，且其前端會凸出隅柱形成木鼻。日式建築中的額枋則不會延伸出木鼻，因此未參考上述做法，這也解釋了為何會出現如右圖般在額枋轉角處（隅部）運用端搭接合的情況，且這種榫接方式盛行於日本中世（1185～1573年）。由此同樣能看出當時的人們正是以形狀來解讀榫接。

⑯ 端搭接合（略鎌）、企口榫（目違）→ 布繼（布継）

位於圓教寺食堂的屋架內側桁條

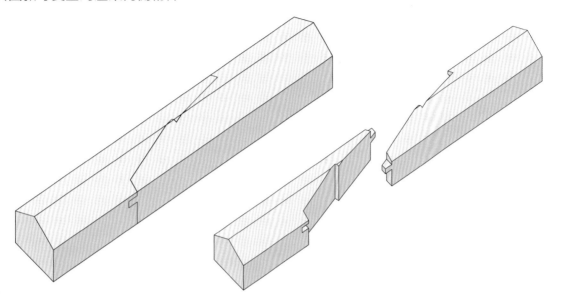

　　自日本古代以來，額枋（頭貫）就是以嵌槽接合（大入）、單槽嵌榫接合（輪薙込）等方式下壓嵌入柱頂的構材，穿枋（貫）則在中世（1185～1573年）以後出現，是貫穿柱子的構材，兩者無論在歷史或結構上都大相逕庭。推測應該是為了使額枋的對接（繼手）能抵抗拉力，才選擇了自古代就用在桁等處的蛇首榫接合（鎌繼）。雖說如此，也有如項目⑮般在額枋對接處使用端搭接合（略鎌）的例子。如果以形式來理解，可推測當時額枋被視做是穿枋的一種，因而採用了可用於穿枋的端搭接合，並在其後近兩百年都沿用此做法。直到室町時代（1336～1573年）中期才終於出現變化，如在額枋處採用蛇首榫接合、開始在穿枋以外的部分運用端搭接合等。上圖為圓教寺食堂（兵庫，室

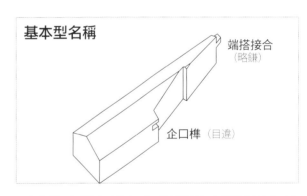

基本型名稱

端搭接合（略鎌）

企口榫（目違）

町時代中期）屋架內側桁條（野母屋）的持出繼處，除了運用部位不同於從前之外，可以看出其變化在於端搭接合的接合面旋轉了90度並削成斜面，而且又加工合成了企口榫（目違）。旋轉了90度的端搭接合雖然較難接合卻具有高撓曲強度，也因此被運用於不外露構件（野材）的持出繼上。然而，這種名為「布繼」的榫接方式卻相當容易崩解，因此須從構件兩側各釘入兩根釘子加以固定。

⑰ 端搭接合（略鎌）、企口榫（目違） → 斜面端搭接合（追掛継）

位於圓成寺本堂的地板格柵

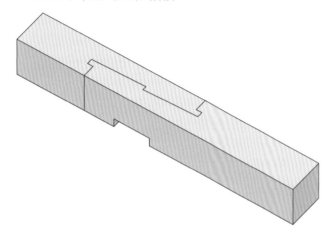

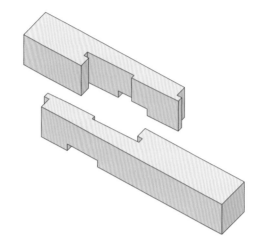

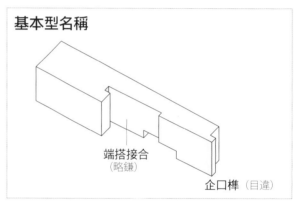

上圖為圓成寺本堂（奈良，1472年）地板格柵（根太）的對接（継手）樣貌。因為地板格柵是承接室內地板的不外露構件（野材），所以在接合處等外觀上並未被特別要求。實際上，此處的格柵是仍留有弧面的木材。這種對接類似項目⑯的布繼，同樣是將原本的端搭接合（略鎌）旋轉九十度、將接合面削成斜面，並加工合成企口榫（目違）。至於它與項目⑯的相異之處，則在於企口榫的位置與形狀。相對於布繼須在側面釘入釘子，這種對接則不需要打釘，可說是撓曲強度、對抗拉力程度極強的對接之一。上圖所示的對接形式稱做斜面端搭接合（追掛継），若是在其側面另又敲入木栓加以固定的對接形式，則稱為帶楔斜面端搭接合（追掛大栓継），一般運用於均衡承受椽條（垂木）等重量的桁等處的持出繼上（但上圖所示是真繼的例子）。斜面端搭接合具有高強度的優點，也有接合處外觀不佳的缺點，

基本型名稱

端搭接合（略鎌）

企口榫（目違）

因此除了運用在不外露構件的持出繼處之外，也有在裝飾材（化粧材）處呈現為折角的暗榫（箱）的例子（項目㉑），以及與斜接（殺ぎ）合成的例子（項目⑲）。除此之外，在日本近世（1573～1868年）的大工書中，帶楔斜面端搭接合既可稱做滑大栓繼（辷り大せん継），在嵌合處又可叫做滑切（スベり二切）。它在端搭接合的嵌合處有著特殊斜度（辷り勾配），使得榫接在開始組合時相當容易，到最後則需使用木槌才能將構件敲入，因此能夠完成非常穩固的對接。

⑱端搭接合 （略鎌）、方榫 （ほぞ）、埋栓 （埋栓） →內側露面榫帶插栓接合 （包み目違尻挾継）

位於傳香寺本堂的不外露角樑

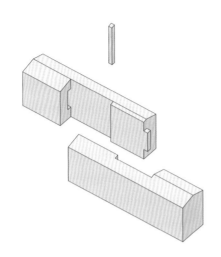

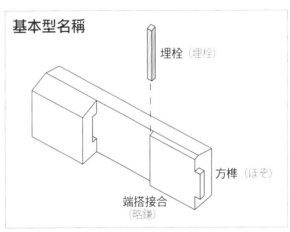

上圖取自傳香寺本堂（奈良，1585年）的不外露角樑（野隅木）處，其對接（繼手）是由端搭接合（略鎌）與方榫（ほぞ）合成。它的組成不同於布繼（項目⑯）和斜面端搭接合（追掛継）（項目⑰），無法只靠端搭接合與方榫的合成就能完成，還須使用埋栓。端搭接合的嵌合處預留了與前端方榫寬度相當的空隙，因此接合時需先避開前端方榫、使接面重合，接著將兩構件相對壓緊、卡入方榫，最後才將埋栓插入嵌合處的縫隙以完成榫接。這是一種無論哪個方向都不易鬆脫的對接，就如同項目⑫的蛇首榫接合（鎌継）。十六及十七世紀，出現了許多與本項形態相似的對接，像是金輪繼、露面榫帶插栓接合（尻挾継）等都屬於同一類榫接，不僅在各個方向都接合得相當密合、不會偏移，接合強度也很優異。除此之外，這種對接還可運用在柱子和木地檻（土台）等處將構件

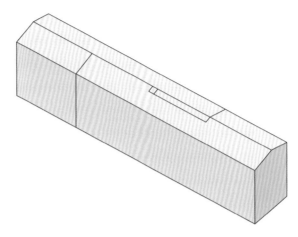

基本型名稱

埋栓 （埋栓）

方榫 （ほぞ）

端搭接合 （略鎌）

的腐爛部分剔除後再嵌入新材的「根繼」作業上，在日本近世（1573～1868年）的大工書中也有關於內側露面榫帶插栓接合（包目違シッパサミ継）用於柱體根繼的解說。露面榫帶插栓接合是在端搭接合的斷面（木口）上、下側都加工合成企口榫（目違），使構件的兩面外觀呈現出企口榫的形狀。金輪繼則是在橫切面上加工合成T字形的企口榫，使構件的四面外觀都呈現出企口榫接合的形狀。

⑲端搭接合 (略鎌)、企口榫 (目違)、斜接 (殺ぎ)
→芒繼 (のげ継ぎ)

位於圓教寺食堂的連簷木

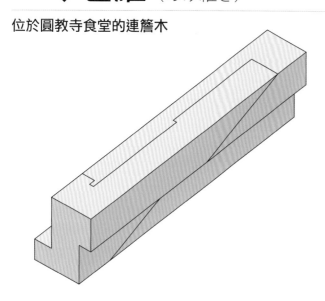

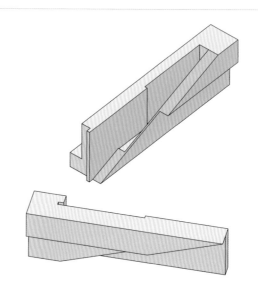

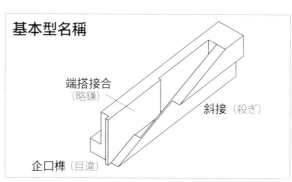

上圖所示為圓教寺食堂（兵庫，室町時代〔1336～1573年〕中期）中連簷木（茅負）的對接（繼手），它的形狀是以項目⑰的斜面端搭接合（追掛繼）為基礎，並在表面上削切出斜接（殺ぎ）的形態。連簷木是置於椽條（垂木）上方、承接屋簷的橫材。連簷木和一根根並排的椽條相接，形成一點一點的接點，創造出屋簷的線條，是相當引人注目的構材。因為屋簷的周緣容易腐朽，所以我們無從得知久遠以前的連簷木是如何接合，但在室町時代前期，連簷木正面就已被削切出斜接（殺ぎ）的形態。自日本古代以來，就有將椽條的兩構件進行斜接重合、再釘入釘子固定於桁條（母屋）上的工法，或許在連簷木處也運用了同樣的工法。另一方面，室町時代中期以後，裝飾材（化粧材）開始出現偏離柱頂等承重位置接合的持出繼形態，並在外觀上加以區分：真繼處使用平

基本型名稱

端搭接合（略鎌）

斜接（殺ぎ）

企口榫（目違）

接（突付），持出繼處則使用斜接。或許也因為椽條採間隔排列，所以在不具有獨立承重位置的連簷木對接處，也跟著在正面運用起斜接的形態。上圖的企口榫（目違）不同於斜面端搭接合，僅設置在一側構件上，推測應該是由於已將正面加工合成了斜接，所以沒有向外鬆開的疑慮。而到日本近世（1573～1868年），連簷木的對接處還出現了在斜接的內側加工合成蛇首榫（鎌）、薄片狀木栓（車知）的例子，這些榫接都通稱為芒繼（のげ継ぎ，參照第18頁）。

⑳ 鳩尾榫（蟻）
用於真繼處

斜接（殺ぎ）、鳩尾榫（蟻）
用於持出繼處

位於久安寺樓門的高欄

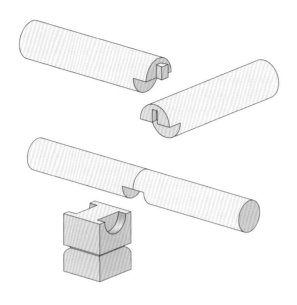

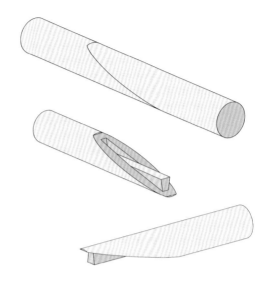

　　裝飾材（化粧材）的對接，以接合處不明顯者較為理想。如項目⑲所說明，在真繼處使用平接（突付），持出繼處則使用斜接（殺ぎ），在外觀上有所區別。持出繼處使用斜接的理由推測包含下列幾點：以斜面來接合具有穩定感、接合處的縫隙會比木材長軸方向上的偏移幅度來得小、接合兩構件彼此木紋的差異較不明顯等。上圖所示為久安寺樓門（大阪，室町時代〔1336～1573年〕中期）高欄（高欄架木）的真繼處與持出繼處，恰好可以透過互相對照來比較兩者間的差異。真繼處使用對接長度較短的鳩尾榫（蟻）接合，再以勾齒搭接（渡りあご）的方式接合於短柱（束）頂端的斗拱（斗）上方。持出繼的上、下構件各有一個鳩尾榫（蟻），兩者以斜接方式沿木材長軸方向相對插入組合。這種由斜接與交錯的鳩尾榫所形成

基本型名稱

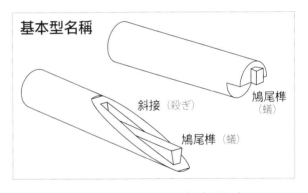

斜接（殺ぎ）

鳩尾榫（蟻）

鳩尾榫（蟻）

的持出繼工法出現於日本中世（1185～1573年），如龍吟庵方丈[4]（京都，1387年）、正蓮寺大日堂（奈良，1478年）的天花板格架（天井竿緣）等處都可發現其蹤跡。當這種榫接運用在裝飾材時，外觀面以平接、斜接為主，並在構件內側看不見之處合成可發揮接合作用的基本型，從而發展出各式各樣的對接種類，如項目⑲、項目㉑都是類似的例子。

譯注
4 方丈：禪宗寺院建築中集結本堂、客殿、住持居所等機能的建築。

1
用於傳統建築的榫接

㉑ 暗榫端搭接合 (箱略鎌)、暗榫企口榫 (箱目違)、埋栓 (埋栓) → 箱栓繼 (箱栓継)

位於法隆寺大講堂的內法長押

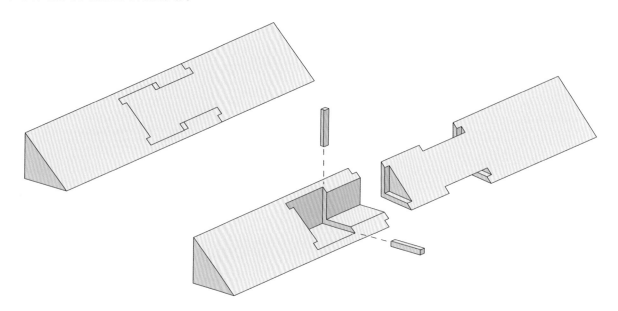

上圖取自法隆寺大講堂（奈良，990年）的內法長押，推測是法隆寺在慶長年間（1596～1615年）整修時所做成的對接（繼手）。雖然它是接合處不在承重位置的持出繼，卻在側面、底面的外觀上運用了平接（突付），構件內部則是曲折成直角的斜面端搭接合（追掛繼）（見項目⑰）。如上圖所示，這種將接合處榫頭形狀折成直角、或是彎折成180度的榫接形態稱做暗榫（箱）。暗榫在外觀上可見的二或三面會做成平接或斜接（殺ぎ），而且被認為是種能避免接合處錯位的工法，從室町時代（1336～1573年）後期到日本近世（1573～1868年）漸趨廣泛使用。上圖的對接和項目⑫相同，接合處的企口榫（目違）呈L形，因此須以木栓嵌入接合後產生的縫隙中。這種對接在《日本建

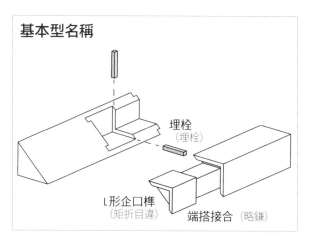

基本型名稱

埋栓
(埋栓)

L形企口榫
(矩折目違)

端搭接合 (略鎌)

築工作法》中稱做箱栓繼。木栓的功能一如項目⑫的說明，除了使接合處無論從哪一方向都不易鬆脫之外，還能使接合更加緊密。用於長押等裝飾材（化粧材）的箱繼等處，也可運用另一種工法，就是在正式接合前的試組裝時，以鋸子切入接合處，使接合兩構件的切口對齊，之後再敲入木栓或薄片狀木栓等來完成榫接。

㉒ 鯱榫接合（竿・車知）、企口榫（目違）
→ 雙邊企口榫鯱榫接合（両目違竿車知継）

位於圓教寺金剛堂的額枋

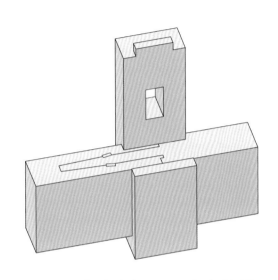

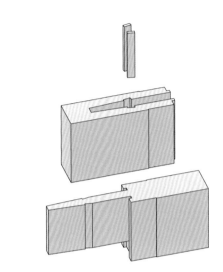

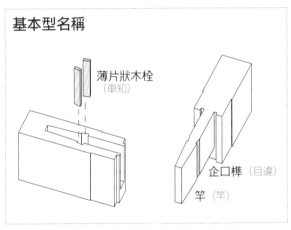

圓教寺金剛堂（兵庫，1544 年）的額枋（頭貫）不僅橫貫柱子、占據柱子內側一半的面積，而且也支撐著向上延伸、厚度只有原先一半的斗栱（片蓋の組物）。如上圖所示，柱頂上垂直的方榫（ほぞ）是為了與桁接合，而柱頂之下的方形榫孔則是用來與厚度減半的斗栱接合。在這樣的榫接結構下，難以運用單槽嵌榫接合（輪薙込）從柱子上方將額枋下壓嵌入接合，也無法使用蛇首榫（鎌）這種一般常用於額枋對接的做法。因此，必須採取圖中所繪的對接方式，先將一邊的額枋從柱子側邊插入，再以鯱榫接合（竿・車知）的方式與另一邊的額枋接合。這種鯱榫接合和蛇首榫接合（鎌継）一樣，都是能夠抵抗拉力的對接。如上圖所示，相當於蛇首榫的榫頭嵌合處，在此被替換成以斜角插入的薄片狀木栓（車知栓）。鯱榫接合

基本型名稱

薄片狀木栓（車知）

企口榫（目違）

竿（竿）

經常用在較寬大構件需要包夾住柱子來接合的情況（項目㉙、㉚），例如日本近世（1573 ～ 1868 年）民家建築裡的指鴨居[5]等處。不過，鯱榫接合在承受拉力時，薄片狀木栓可能會扭轉、進而造成凹處的木料破裂，因此相較於蛇首榫接合，它更需要在榫肩的兩側都加工合成企口榫（項目⑪）。

譯注
5　指鴨居：較寬大的上檻。

1

用於傳統建築的榫接

59

㉓暗榫薄片狀木栓半搭接合（箱相欠・車知）、暗榫斜接（箱殺ぎ）、暗榫企口榫（箱目違）

位於大仙院本堂的內法長押

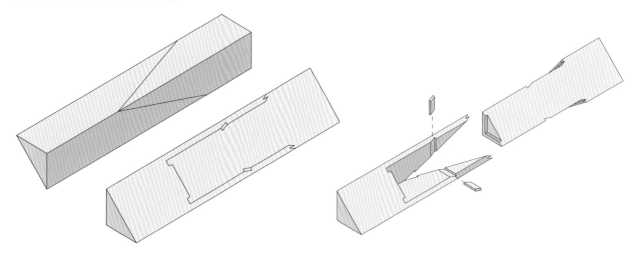

項目㉑介紹了在持出繼的外觀上運用平接（突付）的例子。但大仙院本堂（京都，1513年）中內法長押的持出繼卻有所不同。如上圖所示，本處的持出繼在側面、底面等外露處採用斜接（殺ぎ）。斜接處內側的折角（箱）狀榫接也迥異於項目㉑的端搭接合（略鎌）與埋栓，而是半搭接合（相欠）和薄片狀木栓（車知）。如果說，鯱榫接合（竿・車知繼）中，蛇首榫接合（鎌繼）的榫頭嵌合處改由薄片狀木栓（車知栓）替代，那麼本處則可說是將端搭接合（略鎌）的榫頭嵌合處改由薄木片木栓替代。雖然鯱榫接合多使用在無法以下壓嵌入方式組合的接合處，但也經常用於天花板格架（天井竿緣）、長押等裝飾材（化粧材）上。如項目⑰所介紹的斜面端搭接合（追掛繼）或蛇首榫接合（鎌繼），他們因為接合處有著特殊斜度（とり勾配）而必須以鎚子敲打接合，形成了牢固的對

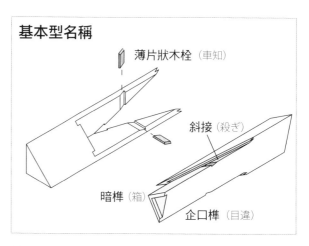

基本型名稱

薄片狀木栓（車知）

斜接（殺ぎ）

暗榫（箱）

企口榫（目違）

接；但是室內裝修材通常較細薄而不耐敲打，反而適合採用鯱榫接合或薄片狀木栓暗榫接合這類嵌入薄片狀木栓加以固定的方式。不過若和箱栓繼（項目㉑）相較，仍無法斷定兩者的差別為何。鯱榫接合（竿・車知）相對於蛇首榫（鎌）、薄片狀木栓半搭接合（相欠・車知）相對於端搭接合（略鎌），透過這兩組的相互對照可以發現到基本型形式上的延伸變化。

㉔暗榫半搭接合 (箱相欠)、暗榫企口榫 (箱目違)、薄片狀木栓 (車知) →霞繼 (霞継)

位於邊框處

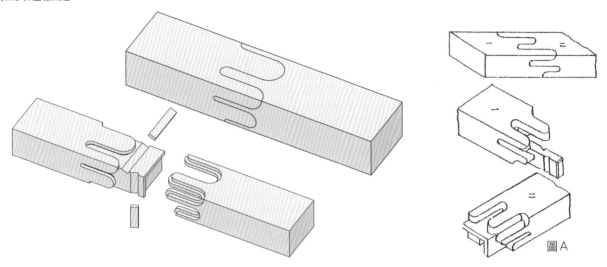

圖A

　　室町時代後期人們開始意識到外觀好看與否的分別，並發展出相當精細的榫接技巧，出現了多樣化的對接種類，像是項目㉓的對接，由不同觀點來看也可説是基本型形式上的延伸變化。也就是説，從外觀接合處來看是平接（突付）或斜接（殺ぎ），但內側接合處卻是設有企口榫（目違）的薄片狀木栓半搭接合（相欠・車知）或魷榫接合（竿・車知），是在形式上藉由組合不同基本型而成的對接種類。在這發展潮流中，或許也產生了如上圖般以裝飾為目的的接合處線條。上圖右下方的圖A是取自《日本建築構造圖説》一書中的霞繼（カスミツギ），據推測它源自於日本近世（1573～1868年）的大工書《番匠作事往來》中的雲霞繼（雲霞継），但《番匠作事往來》書中只繪製了接合處的表面圖樣，所以圖A應該是依據該圖樣

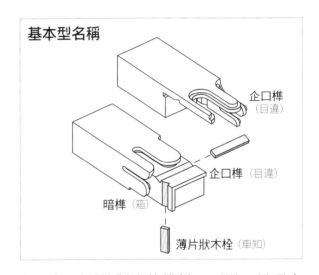

基本型名稱

企口榫
（目違）

企口榫（目違）

暗榫（箱）

薄片狀木栓（車知）

加以推測所繪製出的模樣。不過，呈現出雲霞紋樣的薄板部分並不具有防止木料歪扭、變形的結構，因此可想見其接合處無法呈現平滑狀態。本頁圖例是以項目㉓具有企口榫的斜接為基礎，但其將外側的斜接處替換成雲霞紋樣，嘗試藉由企口榫來防止接合處偏移，並藉由薄片狀木栓暗榫接合（箱・車知）使兩構件緊密接合。

㉕ 箱狀斜角接合（箱留め）、
薄片狀木栓半搭接合（相欠・車知）
→薄片狀木栓斜角接合（車知留め）

位於善光寺藥師堂的佛壇外角

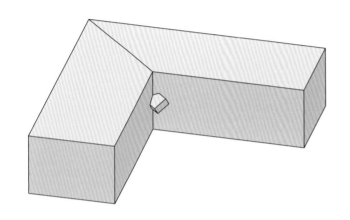

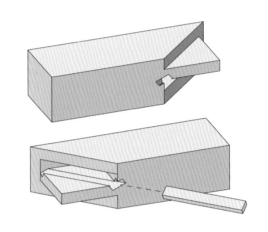

外觀接合處採用平接（突付）或斜接（殺ぎ），內側卻以薄片狀木栓（車知栓）加以固定，這類用於裝飾材對接（継手）處的工法，後來也運用在帶角度接合（仕口）上。上圖是善光寺藥師堂（愛媛，室町時代〔1336～1573〕後期）中佛壇外角（須弥壇出隅）處的榫接（圖中省略了構件表面的線形雕飾）。佛壇的木框無論是上面、側面、或底面都只露出部分外觀，因此就如上圖所示，將構件以斜角接合（留）方式組成直角框（箱）狀。由接合處的斜角及其垂直斷面來看，斜角的內側部分類似於項目㉓所説明的薄片狀木栓半搭接合（相欠・車知）。只不過，本例榫接已將該部分包覆於箱狀斜角接合（箱留め）中，因此不必如項目㉓般再另外加工企口榫（目違）。上圖的構件位於佛壇底部，其底面置於地板上，所以或許並不需

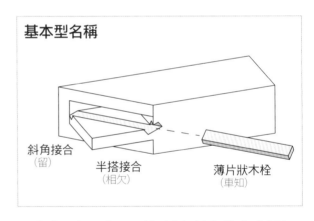

基本型名稱

斜角接合（留）　半搭接合（相欠）　薄片狀木栓（車知）

要在上、側、底三面都採取斜角接合（留）。與箱狀斜角接合合成還有另一層意義，那就是如此一來可以在不設置企口榫的情況下活用薄片狀木栓半搭接合，使構件的側面接合處更加密合。日本近世（1573～1868年）的大工書中有時也將類似的榫接稱做「須弥堅」（須弥堅メ），從名稱就讓人感受到其想增加榫接強度的企圖。而在箱狀斜角接合的內側運用鯱榫接合（竿・車知）等，也都是類似於本項目的榫接。

㉖鳩尾榫接合 (蟻［蟻継］)

位於圓教寺食堂的水平簷板

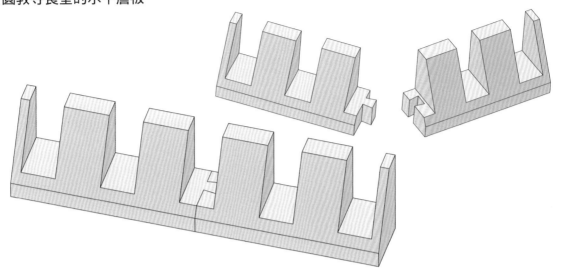

鳩尾榫小型半搭接合（腰掛蟻継）在現今已成為用於木地檻（土台）、桁條（母屋）處的標準對接（継手）之一。鳩尾榫（蟻）雖然可抵抗拉力，但相較於斜面端搭接合（追掛継）、蛇首榫接合（鎌継）等，它在抵抗拉力、撓曲強度上的性能仍較弱，所以無法期待鳩尾榫會相當穩固。回顧明治時代（1868～1912年）到二戰後不久的建築技術相關書籍，是建議將鳩尾榫小型半搭接合運用在臨時建物的木地檻、桁條等處，並在標準的木地檻上使用斜面端搭接合。直到二戰後，金融公庫仕樣[6]規定了在木地檻、桁條處的對接上運用鳩尾榫小型半搭接合，才使其普及開來。但另一方面，這種變化也因應了建築工法的轉變：當時已可將木地檻固定於混凝土的連續基礎上。將話題轉回鳩尾榫本身，它最初在日本中世（1185～1573年）是用於帶角度接合（仕口），直到室町時代（1336～1573年）中期以後才用於對

基本型名稱

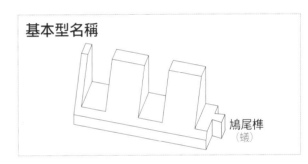

鳩尾榫
(蟻)

接，而且僅用於水平簷板（木負）等少數構件上。水平簷板是指橫置於飛椽（飛檐垂木）與簷椽（地垂木）之間的構件。上圖是圓教寺食堂（兵庫，室町時代中期）水平簷板的對接，一格格並列的凹槽是為了承接飛椽的切槽（欠込）。上圖也描繪出水平簷板的內側；而其正面的平接（突付）接合處則與簷椽的中心線對齊。而且為了不讓簷椽間的空隙出現接縫，運用了對接長度較短的鳩尾榫。

譯注
6　金融公庫仕樣：住宅金融公庫（現住宅金融支援機構）是日本政府以住宅建築貸款等為目的所設立的公庫，該公庫為提高住宅建築品質，制定了相關的建築規格標準「公庫木造住宅工事共通仕樣書」，欲向公庫申請建屋貸款者之住宅建築須滿足或高於該書所載之建築規格。該住宅金融公庫已於2007年改制為住宅金融支援機構。

㉗ 鳩尾榫搭接 （蟻［蟻掛］）

位於東大寺開山堂的外殿額枋及繫虹樑

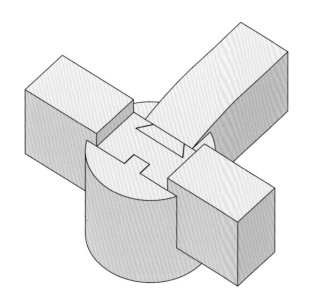

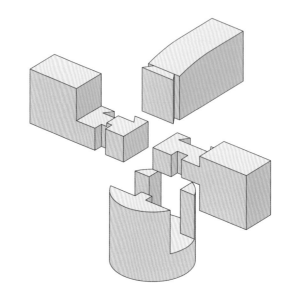

　　當在樑、桁、栱木（肘木）等橫材的
側面以Ｔ字形來連接其他橫材時，大多會
使用鳩尾榫（蟻）。但其實這種做法並不
見於日本古代的建築，日本古代的橫材之
間是以嵌槽接合（大入）、半搭接合（相
欠）來連接。為了克服古代建築在結構上
的缺點，日本引入以穿枋（貫）來連接柱
體的工法，與此同時人們也意識到橫材之
間互相連接的必要性。鎌倉時代（1185～
1333年）前期同樣出現了不少在半搭接合
上加工合成露面榫（入輪）的例子，這類
型的榫接也可看成是較短的蛇首榫（鎌），
但後來都漸漸被鳩尾榫取代。對於接合成
Ｔ字形的邊接材來說，相較於鳩尾榫，蛇
首榫會截斷其側面更大部分的木材纖維，
進而有損於構件的強度。再者，橫材之間
的接合處可能會與柱子等其他構件的接合
處重疊，這都有損於結構的強度。正是基

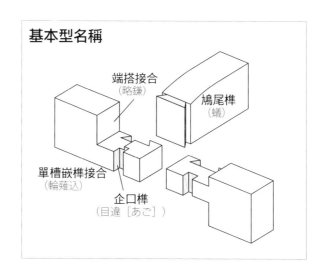

基本型名稱

端搭接合
（略鎌）

鳩尾榫
（蟻）

單槽嵌榫接合
（輪薙込）

企口榫
（目違［あご］）

於以上種種原因，使得優於其他榫接方式
的鳩尾榫變得相當普及。上圖的鳩尾榫接
合取自東大寺開山堂（奈良，1250年）
的外殿額枋（外陣頭貫）與繫虹樑（繫虹
梁），外殿額枋先以端搭接合（略鎌）進
行連接後，再運用鳩尾榫與繫虹樑接合。
另外補充一點，當時的鳩尾榫就如圖中所
繪，榫頭多半較為寬大。

㉘方榫・鼻栓（榫頭鼻栓）(ほぞ・鼻栓［ほぞ指鼻栓］)、嵌槽接合(大入)

位於國分寺本堂的柱子及虹樑

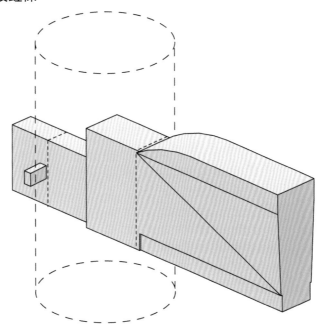

　　柱子與虹樑這類在柱體側面接合橫材的榫接形式，從日本古代以來就是運用嵌槽接合（大入）、方榫（ほぞ）等方式來接合，但它們卻有難以抵抗拉力的問題。當建築結構體是由架在大跨距的樑與樑之間的粗大橫材、以及柱子一同組成時，柱子與橫材的榫接能否有效抵抗拉力、具備撓曲強度就變得相當重要。雖然在方榫榫頭（ほぞ）上加入鼻栓、插栓（込栓）就能達到強化榫接的效果，但這項技術卻不容於當時寺院建築等相關的設計思想。直到鎌倉時代（1185～1333年）後期，才可在寺院建築的結構體上看到使用榫頭鼻栓（ほぞ指鼻栓）的例子，最初是用在不外露的樑、柱接合等無關設計表現的部分。進入室町時代（1336～1573年）中

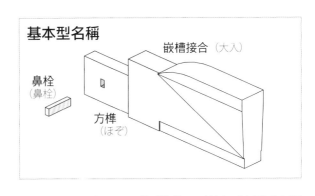

基本型名稱

嵌槽接合（大入）

鼻栓
（鼻栓）

方榫
（ほぞ）

期以後則出現一些變化，例如外殿虹樑（外陣虹梁）前端的木鼻凸出於參拜者無法看到的內殿（內陣）裡，並在木鼻處釘入了鼻栓。上圖國分寺本堂（岐阜，室町時代）的柱與虹樑也屬於其中一例，是藉由嵌槽接合使虹樑的負重能夠通過比方榫寬大的底面來向下傳遞。雖然榫頭鼻栓也用於寺院建築中，但這項技術卻是在一般民家建築裡才擔負起更重要的角色。

㉙鯱榫接合 (竿・車知)、企口榫 (目違)
→四方指 (四方指)

位於高木家住宅的柱子及指鴨居

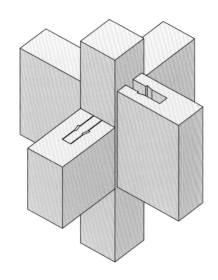

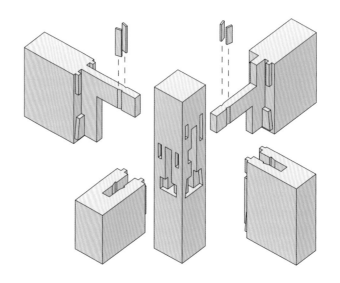

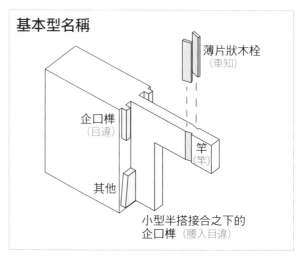

基本型名稱

薄片狀木栓
(車知)

企口榫
(目違)

竿
(竿)

其他

小型半搭接合之下的
企口榫（腰入目違）

　正如項目㉘的文末所述，在民家建築中藉由榫頭鼻栓（ほぞ指鼻栓）來連接樑與柱的結構技術更加發達。在民家建築裡，用以連接柱與柱的橫材，除了樑以外，還有既能承重、又能兼做上檻的指鴨居（即較寬大的上檻）。兩側的寬大上檻以包夾住柱子的形態互相接合，而且由於要使從下檻（敷居）上緣到上檻下緣的內側高度（內法高）一致，因此難以在方榫（ほぞ）處釘入鼻栓，反而須運用項目㉒所介紹的鯱榫接合（竿・車知、或項目㉚中的插栓（込栓）來接合指鴨居與柱子。上圖取自高木家住宅（奈良，江戶時代〔1603～1868年〕後期）的柱子與指鴨居，兩者是藉由鯱榫接合進行榫接。在榫肩加工合成了企口榫（目違）（包含腰入目違、兩目違），一方面是為了加強「竿」的強度，另一方面也可防止指鴨居扭曲變形。下側的凸出狀則有助於將指鴨居的承重分散到較寬廣的底面。這根柱子位於四間和室的中心交會處，柱子的四面各與指鴨居接合。如上圖所示，這種在柱子的四面各插入方榫或竿的榫接稱做「四方指」。鯱榫接合、插栓不像鼻栓那樣具有凸出於室內的部分，因此偶爾也可見於日本近世（1573～1868年）的寺院建築中。

㉚ 鳩尾嵌榫（雇い蟻）、鯱榫鍵片（雇い竿・車知）
→ 嵌榫（雇いほぞ）

位於豐田家住宅的柱子及指鴨居

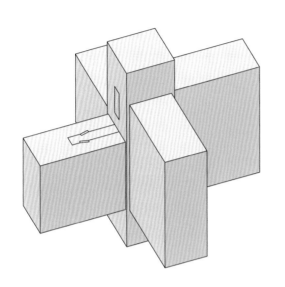

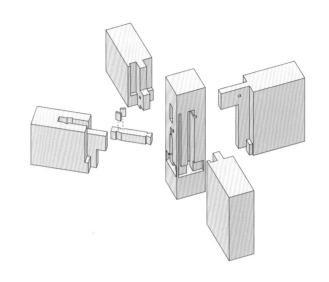

1
用於傳統建築的榫接

上圖取自豐田家住宅（奈良，1662年），這座住宅裡的柱子與指鴨居的榫接方式分為兩種，一種採用了榫頭插栓（ほぞ指込栓），一種則使用了嵌榫（雇いほぞ），而且相向的指鴨居之間並不直接接合在一起。嵌榫的一端是鳩尾榫（蟻），另一端則做成鯱榫（竿・車知）。柱子側面承接鳩尾榫的榫孔，其下方寬度與榫頭等寬，上方則刻成鳩尾（蟻）的形狀。進行組合時，先將嵌榫的鳩尾端插入柱子榫孔的下方，再向上移動直到鳩尾榫頭卡緊。接著，將指鴨居插入同一榫孔，其前端的方榫（ほぞ）會恰好嵌入柱子榫孔的下方，使嵌榫不致落下。與此同時，嵌榫凸出於柱子外的一端則會嵌入指鴨居的上側，將兩者接合起來，最後再將薄片狀木栓（車知）敲入嵌榫與指鴨居嵌合處所留

基本型名稱

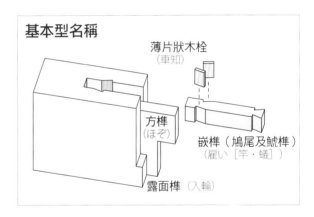

薄片狀木栓
（車知）

方榫
（ほぞ）

嵌榫（鳩尾及鯱榫）
（雇い［竿・蟻］）

露面榫（入輪）

下的空隙，就可完成榫接。像這種移動鳩尾榫來進行接合的方式稱做嵌槽鳩尾榫（寄蟻），也可用在下列幾種榫接上，如桁與支撐上檻的短木柱（吊束）、樑與屋架支柱（小屋束）等處。至於項目③蝴蝶榫（契蟻）是鎌倉時代（1185～1333年）後期的例子，它既是嵌榫的一種，同時也屬於嵌槽鳩尾榫。嵌榫接合可説是累積了各式榫接工法的經驗後所成就的榫接。

67

1-5 從古蹟修復的施工現場了解鎌倉瑞泉寺大門柱體的「根繼」修復工程

我們可從神奈川縣鎌倉市瑞泉寺大門的修復現場，來了解大門柱體的「根繼」修復工程。為了替換柱子上腐朽的舊材、嵌入新材，木工職人從承繼自先人的各式工法中選擇「金輪繼」來施工。日本傲視全世界的木工技術，將藉由現代木工職人之手延續至未來。

文 松本佳美

瑞泉寺

瑞泉寺是一座歷史悠久的禪宗寺院,鎌倉時代末期(1327年)由夢窗國師[1]所創建,他同時也是著名的京都天龍寺庭院的設計者。瑞泉寺位於鎌倉市內稱為「紅葉谷」的秘境中。瑞泉寺的山號(注)為錦屏山,是因為三面環繞著紅葉谷的群山,每到秋日楓紅時就像一道襯托在寺院後方的錦繡屏風般,故而得名。構成寺院(伽藍)的建築物,有大門、山門、佛殿、書院、客殿、地藏堂、開山堂等。除此之外,瑞泉寺也以鎌倉的「花之寺」而聞名,一年四季都能夠欣賞花景,特別是遍植寺院全境的梅與紅葉植物,更分別在早春及晚秋展現艷麗之姿。而本堂後方的石庭同樣出自夢窗國師之手。

(注)山號:是冠在寺院名稱前的稱號。據說在寺院仍建造於山中的時代,人們為了表示其所在地,會以該山的名字做為山號。其由來源自於在鎌倉時代(1185~1333年)與禪宗一同傳入日本的五山・十剎制度,根據此制度,禪宗寺院為了表示所在地會冠上與之相應的山號。這種命名方式後來也影響了其他宗派,即便是在平地的寺院也會加上山號。

譯注
1 夢窗疏石(1275~1351年):為臨濟宗禪師,由天皇授予國師封號;經手設計西芳寺、天龍寺(京都)、惠林寺(山梨)等著名庭院。

大門

　　從這次在屋架內側發現的上樑記牌（棟札）得知，瑞泉寺的大門是在昭和十二年（1937年）由住友寬一[2] 捐款建造的四腳門（注）。這座大門的屋頂形式為懸山頂（切妻造），表面以本瓦葺方式鋪設，由板瓦與筒瓦組成。大門至今已歷經超過七十年的歲月，四根撐柱（控柱）深受白蟻、木材腐朽真菌之害而腐朽脆化，因此施作用新材替換腐朽舊材的「根繼」（根継ぎ）修復工程。

（注）四腳門：日本門戶的建築樣式之一，在兩側門柱的前後各設置一根撐柱（控柱），左右相加共有四根撐柱。

此為「曳家」（ひきや）工法。這是一種不必將建築物解體，就能移動整座建築的技術。首先會以鋼軌固定好所有柱子，再緩緩地將整座建築物水平抬升、使其懸空。在瑞泉寺的施工現場只將建物往上抬起懸空，不過依據不同的施工目的，也可能將整座建築物移動至他處。

譯注
2　住友寬一（1896～1956年）：日本大正、昭和時期的畫家及收藏家。

以文化保存為目的的修復工作

　　鎌倉是距今八百多年前武士們開創幕府之地，也是呈現「力強者勝」局面的日本戰國時代的發源地。鎌倉幕府為了祈求勝戰，積極地引入宗教。後來，鎌倉成了武士精神的寄託之處，也為了撫慰戰死者的亡靈而建設許多寺院。時至今日，這裡仍屹立著源自鎌倉時代（1185～1333年）的寺院，並住著專門從事屋瓦、鈑金、造園、榻榻米、裱褙的工匠，以及宮大工[3]等維護社寺建築的職人。只有獲准出入這些寺院的職人才能穿上繡有山號的工作服「祥纏」[4]，他們迄今仍肩負著守護鎌倉寺院的榮譽與責任。

　　身為瑞泉寺業主的住持，在確認瑞泉寺大門的柱體根部出現腐朽的狀況後，就一邊與木工主匠師（大工棟樑）松本先生商議，一邊在鎌倉市文化財課、鎌倉市教育委員會的指導下，費時許久才訂定了修復計畫。這座大門既位於歷史風土保存區域（注），又屬於具歷史淵源的寺院，一切修復都必須以不損及其歷史價值為前提來進行，好將文化遺產傳承給後世。

盡量減少切除來進行腐朽處的修復

　　用於瑞泉寺大門的木材幾乎都是櫸木。櫸木具有優異的耐潮、耐久性，在日本的闊葉木中屬於最高級的優良木材，自古以來就常用於建築、家具及門窗等處。

（注）歷史風土保存區域：此區域劃分源於日本為了保存古都歷史風貌而設立的特別措置法。鎌倉市依據該古都保存法指定保存區域，該範圍內建築的規模、色彩、樹木採伐等都有一定的管制規範，若需變動須向鎌倉市長提出申請並取得許可。

譯注
3　宮大工：專門從事社寺佛閣建築、整建、維護的木工匠。
4　祥纏：一種日本傳統的工作服，形式是袖長較短的外套。

根繼的修復過程

1 在確認柱體的腐朽程度後，須決定從下方起切除多少木料。一方面要盡量保留建造當時的材料，一方面也必須確保它的強度在今後的數百年仍足以頑強地對抗風雨。經過謹慎調查、繪製好實寸大小的圖面後，便在木材上標示墨線。此時大工慣用的角尺與竹筆會發揮極大功用。

2 只要墨線一出錯，就會功歸一簣。須以模板為基準謹慎地畫線，也必須因應使用需求，準備數種不同的模板。

3 墨線標示完成後，終於可開始加工。不直接用鋸子切鋸預計切斷的部分，而是先沿著預計切斷的邊界線用鑿刀鑿出溝槽，此做法在日文稱做「鑿立」。像這樣，先截斷加工處邊緣部分的木材纖維，便可防止不小心切掉超出墨線的部分，或是因接續的纖維而削下多餘的木料。

4 在貴重的構件上下刀時須集中精神，使用橫切鋸鋸入後緩緩推拉切割。歷經歲月風霜的古老櫸木相當堅硬，必須不躁進、謹慎地拉推切割。在欲切除的木材部分切出數道割痕，先將木材纖維截斷，以利後續用縱切鋸、鑿刀加工時能順利進行。

剛採伐下來的櫸木相當容易變形及收縮，若不先擱置幾年就無法使用，因此至少需放置十年以上才能當做建材。

瑞泉寺大門的櫸木材，由其粗細大致推估，其樹齡至少超過一百五十年，而且在採伐後至今也已歷經一百年左右的歲月。這項貴重的建材若非根部已經開始腐朽，仍可繼續使用，不會輕易地更換整根木柱。並且，這種優質的乾燥木材也相當不易尋得。正因如此，才決定在修復時借重古人流傳下來的智慧：「只將損傷部位替換成新材，並將舊材與新材接合」。透過集合各種技術之大成的榫接工法，在更替最少木料的情況下，使古老建材得以保存，也維持著柱體的強度。

建物保存不可或缺的曳家工法

在修復大門柱子根部時不可直接將柱子鋸斷。必須使用曳家工法，讓整座大門先與基礎分離後，再以千斤頂將它抬升。曳家工法由在建物遷移、文化財保存領域中經驗老道的專家來施作。此工法不只是將建物抬升，有時也會進行橫向移動。昔日是應用「滾動」、「槓桿」等原理，現

在大工主匠師（棟梁）的監督下，以鋸子切割柱子。在施工現場動手施作大抵上都是弟子們的工作，原則上主匠師不會親自動手。

5 為了做成接合處的榫卯，須切除要捨去的部分。然而要是一次切除掉大塊木料的話，構件可能會因接續的纖維而斷裂、或產生裂痕。為了避免這種風險，得先將欲切除部分切割成小段，再緩緩擴張切除範圍。

6 沿著「鑿立」的墨線，以縱切鋸切除根部的柱體。

7 與新材接合的部分，使用刨刀刨出平整的表面。

在雖可使用鋼軌之類來固定、支撐，使用大型機具來搬遷正在居住的家屋，但其實曳家工法早在遠古時代便已經存在。

大大發揮作用的手工具

進行修復工程時，需要修復的部分與狀態不一，必須因應各種狀況來思考最佳的修復方法，沒有既定的規則，因此與一般木工匠的工作內容截然不同。這樣複雜的修復工作，自然無法在工廠以機器預先加工完成，再加上施工現場有諸多的限制，大多時候都倚賴著手工具（手道具）的運用。這些自古傳承至今的手工具、以及妥善使用它們的技術，至今仍運用在日常生活之中。

創造適材適所的能力

本次大門四根撐柱的修復工作，完全以榫接方式來進行。但是每根柱子的腐朽程度不一，主匠師（棟梁）必須針對各別構件制定妥善的修復方案。

經過考量後，決定四根撐柱中的三根使用金輪繼（參照第55頁），剩下損傷較少的一根，因為只需替換根部的木料，所以選用十字企口榫對接（十字目違繼）。

這種榫接的做法是在其中一方構件的端面鑿出十字形的榫孔，另一側的構件上則加工製成凸起的十字形榫頭，再將兩者接合起來。這是一種可防止木材扭曲變形的工法，因此經常使用在柱子根部以新材替換舊材的根繼。

8 腐朽部分較少的柱子選用十字企口榫接合（十字目違継），是能盡量保存原本木料的工法。施作時要先將腐朽的木料去除。
9 以刨刀修整削平截斷處的表面。
10 挖鑿出十字形的榫孔。這種榫接在接合完成後從外觀上無法辨識，而且不易歪扭變形，常使用在柱子根部以新材替換舊材的根繼。

當接合的兩構件形狀不同時，會將具有凸起榫頭的構件稱為男木，將具有可相對應榫孔的構件稱為女木。據說這稱呼是依照男女身體特徵來命名，的確是簡單明瞭的稱呼，一旦聽過就不會忘記。不過，金輪繼由於接合兩構件的形狀相同，所以沒有男木、女木的區別。

施工現場所需的判斷與應變能力

在建物所在地施工時，因為無法直接取下柱子，所以必須在柱子保持豎立的狀態下進行加工。職人在進行低矮處的加工時必須彎腰屈膝地工作，有時還要鑽入柱子底下從正下方施工。在修復古老建築時，職人時常要以稍微辛苦的姿勢進行作業。除此之外，他們還要能掌握現場的狀況，具備應變能力及技術，以確實因應眼前的狀況進行修復。

歷經歲月風霜的古老建材，經常會扭曲變形或收縮，因此職人要隨時都能正確地辨識出木材既存部分的狀態。並以左、右兩片薄木板記錄既存構件的形狀，再依此形狀為基準加工，做出與舊材完美契合的新材。

提升精確度不可或缺的模板

由於新材可在建設公司的工廠進行加工，所以現在也經常會使用高效率的電動機具。但是在榫頭等細節部分手工具仍然不可或缺，施作起來相當費時。

施工現場與工廠的距離不一定都很

11 在建設公司的工廠裡會使用大型電動機具來提升工作效率。

12 用鑿刀修鑿出榫頭。

13 雖然可以使用圓鋸切入邊角，但十字榫頭的內角處還是要由人工進行作業。

近，當相距較遠、無法多次往返進行試組時，模板就發揮了重要的功用。大多時候會在工廠將構件加工到一定的程度，之後就只需要在施工現場試組、再進行加工微調，就能完成接合。

接合完成後將大門恢復到原本位置

新材會先在工廠加工完成，再運送到施工現場進行接合，最後只要插入木栓加以固定就算大功告成。等到下次必須再進行整修時，只要拔除木栓就能輕易地拆解榫接。

柱子的修復完成後，再使用曳家工法將柱子移回原本位置。要將整座大門降回原處，得先以千斤頂抬起支撐著全體的鋼軌，再將卡在其中的角材一根一根移除。最後再讓大門緩緩、平行地下降，是一項相當需要人手幫忙的作業。

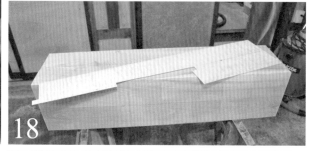

14 金輪繼的現場加工。因為無法直接取下柱子，所以必須在柱子保持豎立的狀態下進行加工。

15 使用鑿刀的加工作業。因為欅木相當堅硬，使施工作業進度緩慢。

16 在低矮處進行加工時，須鑽入柱子正下方施工。

17 修復工作的限制重重，毅力與耐力是必要條件。

18 在工廠加工時模板也發揮了極大的作用。

19 加工完成的新材形狀相當精確。

再屹立百年

　　大工們藉由「根繼」修復，為瑞泉寺大門的撐柱替換了新材，使它得以重生並繼續屹立到下一個世代。這些柱子今後仍將支撐著瑞泉寺的大門，繼續迎接眾多的參拜者。接補在柱上的新材，刻意製成比原本尺寸大了一分（約3公釐）的大小，大工們稱這種做法為「增厚」構材。這是因為他們已預測到接補的新材在今後數十年間，會逐漸乾燥且收縮；數十年後，新材的表面便會與柱子既有的部分幾乎齊平。到時候，無論是榫接處、插栓、或是外觀，都將與大門融為一體、無法辨別。或許那時的人們也會遺忘平成時代曾經進行過修復的事實。等到下一次大門必須解體整修時，可能我們都早已不在人世，但這些實體留存的榫接想必能將日本的建築技術持續傳承下去。

20 接合完成的金輪繼。為了讓新、舊材在外觀上更加融合，使用稱做古色劑的染料在新材表面進行染色。
21 將被抬高的整座大門緩慢且平行地降回原本位置，是一項十分需要人力的作業。
22 將整座大門跨置於鋼軌上，再以千斤頂撐起。
23 一邊測量柱子與柱礎之間的距離、一邊降下柱子，以確保與地基保持平行。

24

25

27

26

24 重回到地基上的大門。今後也將繼續迎接著許許多多的參拜者。

25 接合處的外觀面上有1分（約3公釐）厚的高低差，數十年後這個高低差就會逐漸消失。

26 這也是金輪繼的接合處。其高低差所具有的意義或許只有少數人能夠理解。

27 木栓的邊緣經過倒角處理（面取り），削整為美麗的斜面。只要拔除這個木栓就能拆解榫接。

Part 2
用於門窗的榫接

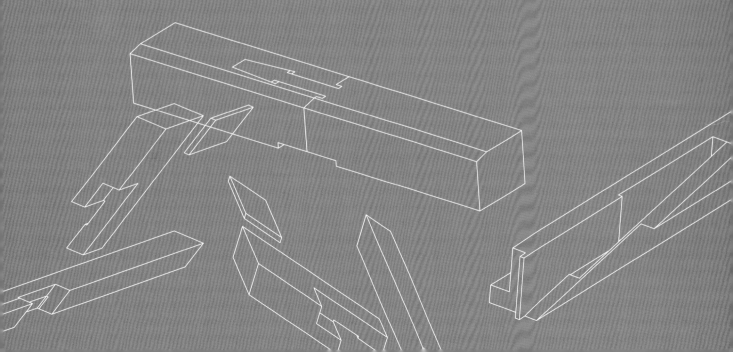

日式門窗中使用的手法

日式門窗（建具）種類有：襖、障子、格子、簀、芦、網戶、衝立、欄間……等。門窗自古以來就是用來區分建築內外，或是將建築內部加以分隔的構件。無論前者或後者，它們的共通點是都有著外框，而且使用了許多種類的轉角接合（組手）工法。

製作者：渡邊文彥

圖中為繩鉸鏈（紐蝶番），使用在門窗或器物上，是將一種名為真田紐的織帶或皮繩當成鉸鏈使用的手法。也會使用在茶道的風爐先屏風等器物上。

譯注
襖：糊紙拉門　　　　　簀：竹編門扇　　　　　衝立：屏風
障子：單層糊紙門窗　　芦：蘆葦梗編門扇　　　欄間：位於門窗上方的裝飾性開口，通常具有透光、通風、裝飾等功能
格子：格柵門窗　　　　網戶：紗窗

蛇首榫轉角接合 （鎌ほぞ組み）

　　蛇首榫轉角接合的特徵為可拆解的下冒頭（下棧）。大多用在襖等門窗處，以製作可更換的外框。此外，較特別的是這種榫接方式也會運用在玻璃門窗上。

斜肩雙榫轉角接合 （二枚ほぞ［腰型］組み）

　　斜肩雙榫轉角接合使用在障子 、玻璃門窗等處，通常會採膠合固定。在雙榫接合（二枚ほぞ）類型中以加工成腰型（指將榫肩處切成斜面的樣式）的格調較高，經常使用於高級門窗上。

斜肩雙排雙榫轉角接合 （二重二枚ほぞ［腰型］組み）

　　斜肩雙排雙榫轉角接合使用於下冒頭（下棧）較寬大且需維持一定強度的情況。偶爾為了使木材在收縮後不致出現空隙，會使用添榫（小根）連接雙排榫頭。

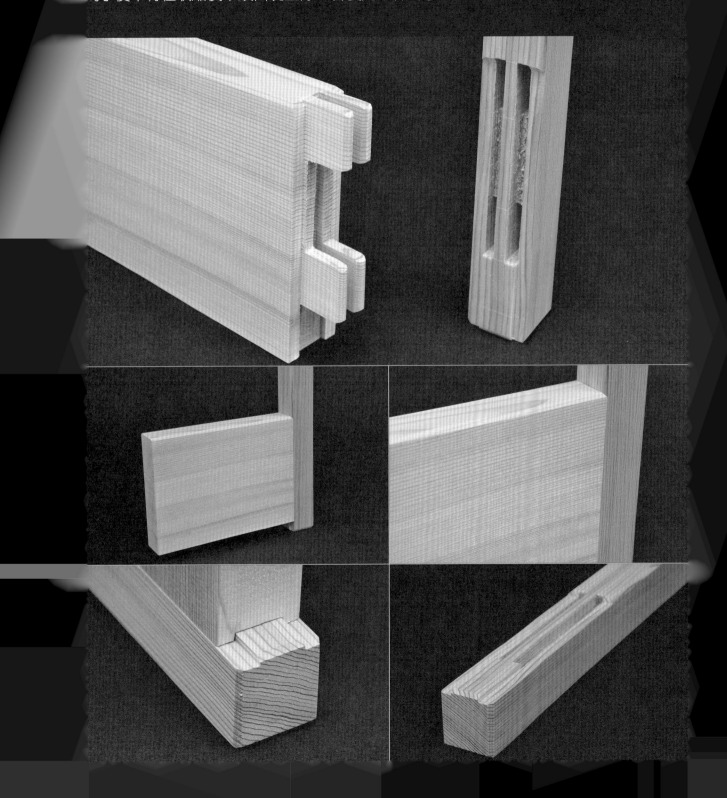

蛇口雙榫轉角接合 （二枚ほぞ ［蛇口］ 組み）

　　中冒頭（橫棧）的木材端面稱做蛇口，蛇口雙榫轉角接合會將接合面兩側加工成覆蓋住直梃的形狀（如右下圖所示）。這是用於一般門窗上的主要工法。

兩側斜切貫穿方榫接合 （両端留通しほぞ接ぎ）

　　兩側斜切貫穿方榫接合是使用在嵌入式（はめ殺し）欄間等處的手法。將接合處加工故成斜角（留）大多是基於設計上的美觀。如左下圖所示，貫穿方榫（通しほぞ）的前端通常會多預留約五分（約1.5公分）長，等接合後再將凸出榫孔的部分切除。

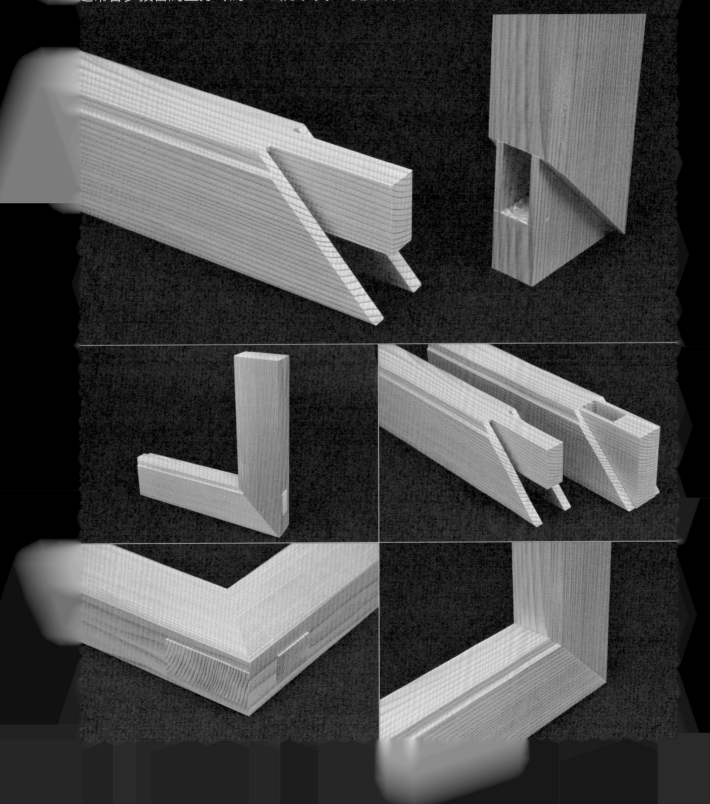

不貫穿雙榫轉角接合 （包み二枚ほぞ組み）

不貫穿雙榫轉角接合用於頂級門窗，是相當費時耗工的榫接工法。為了不讓直梃（縱框）底部的端面磨損下檻（敷居），會將下冒頭的底端向前凸出、包覆住直梃底部。

兜巾接合是用於製作頂級障子的骨架。母榫（メス）的接合部分再加工後變得相當薄（如中右圖所示），使得組裝時骨架整體不太穩定，但只要與邊框接合就會變得相當穩固。另外，像是欄間的井字方格接合（井桁組み）等處，雖然其外觀類似於兜巾接合，但由於不必講求接合強度，僅需以方榫接合即可。

譯注
　　兜巾：是日本修驗道的實踐者頭上所戴的黑色冠帽，呈山形（角錐狀），後來多用兜巾來形容類似形狀的建築構件。

門窗的尺寸取決於建築的設計，因此本書所載的相關介紹圖面僅供參考。參考本書範例時，請先思考如何才能使榫頭與榫孔的接合牢固、並且相互平衡。

蛇首榫轉角接合（鎌ほぞ組み）

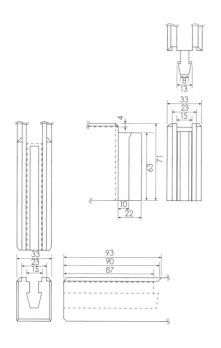

斜肩雙排雙榫轉角接合
（二重二枚ほぞ［腰型］組み）

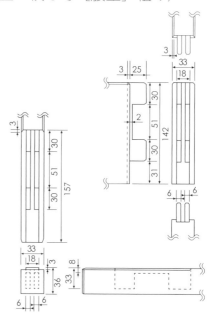

斜肩雙榫轉角接合
（二枚ほぞ［腰型］組み）

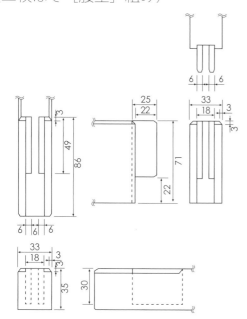

蛇口雙榫轉角接合
（二枚ほぞ［蛇口］組み）

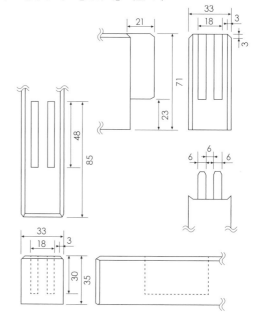

兩側斜切貫穿方榫接合

（両端留通しほぞ接ぎ）

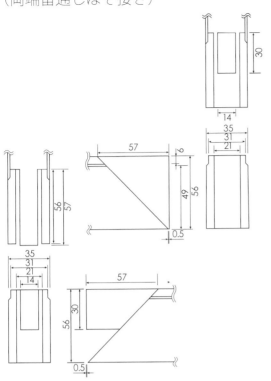

兜巾接合 （兜巾組み）

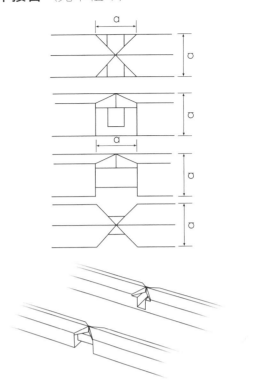

不貫穿雙榫轉角接合

（包み二枚ほぞ組み）

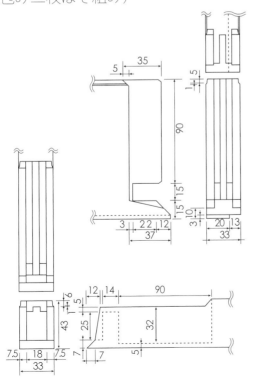

注意：可碰觸到的表面請不要使用木材的「粗糙面」

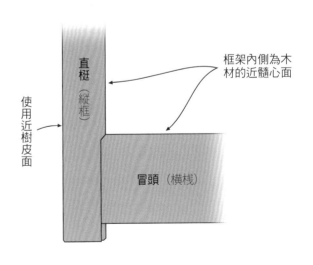

直棖（縱框）

使用近樹皮面

冒頭（橫棧）

框架內側為木材的近髓心面

譯注
近樹皮面（木表）、近髓心面（木裏）：以木材斷面來看，靠近樹皮的那面為近樹皮面，靠近年輪中心的那面為近髓心面。

2-2 從門窗工廠了解榫接接合的工作

　　一提到門窗（建具）時，浮現在你眼前的場景是日本傳統建築？還是現代西洋建築？這兩者給人的印象應該完全不一樣吧。雖然無論哪一種場景中的門窗都是加裝在建築內外、具有分隔用途的構件，但在用材、加工方式上卻有著極大的不同。

　　「山二建具」這間公司所從事的門窗加工內容相當多樣化，除了生產現代住宅常用的木芯板門扇之外，也製作寺社佛閣建築中所用的障子、板門（板戶）等。接下來的介紹，便採訪自山二建具製作傳統門窗的現場情形。

山二建具的外觀。公司創辦人原本在東京淺草一帶從事門窗製作，昭和42年（1967年）在千葉縣的松戶創立了山二建具。

公司的後方位於京成電鐵Skyliner的高架軌道處，軌道下方為工廠的一部分。

組裝完成的格柵門（格子戶）。在寬廣的廠房裡，處處都在製作這類型的產品。

這些材料預備用來製作障子的框架，等它們充分乾燥後就可使用。

較大的門扇等產品會運用雙排雙榫（二段二枚ほぞ）。

用於門窗的轉角接合

門窗可分成幾個大類，像是用於建築內或外、西洋式或日式等。門窗是用來「分隔」各式各樣的空間，基本上都是可動式的。西洋建築裡的門、衣櫃等的門扇也都屬於門窗的一種，而且它們的需求量可能更勝於日式建築。

不過，只要世上仍有日式建築和寺社佛閣，那些有關門窗、障子、襖、板門（板戶）、欄間等日本自古以來的製作技術與知識，就不會只運用於今日，今後也將藉由眾多職人之手將它們繼續傳承下去。

在門窗製作的領域中，比起用來製作障子、欄間、門等外框的轉角接合（組手），框內的木格柵（組子）更加美麗而引人注目。而用在外框架的轉角接合部分雖然幾乎都不太顯眼，但這些地方都運用了相當豐富的榫接工法，以便能因應日後整修的需求。

高效率與精確的手工作業

位於千葉縣松戶市的山二建具，其門

譯注
障子：單層糊紙門窗　　襖：糊紙拉門
欄間：位於門窗上方的裝飾性開口，通常具有透光、通風、裝飾等功能

雖然大多時候都倚賴機具來加工，但即使是今日在最後收尾階段仍然相當依賴手工具（手道具）。

為了能應付大量的訂單，廠房裡設有三台機能相同的木榫加工機，做好隨時都能運作的準備。

窗產品五花八門，其中尤其以注重精良製造、加工技術的客製化商品為主力。也因此，山二建具經常參與製作寺社佛閣、店鋪、日式建築等處的門窗類構件。即便使用的機具設備相當現代化，所加工生產的卻是用於傳統榫接工法的產品，這一點使得山二建具格外引人矚目。

以機具粗略切割完成的榫頭、榫孔，須再經由職人之手以鑿刀細緻地雕刻後，才告完成。講求效率的部分倚賴機具處理，精雕細琢的作業則由人工進行，在在表現出職人不妥協的態度。

以豐富多樣的技術因應多元需求

工廠裡也設置有倉庫、展示廳等，在這些空間中擺設了許多過去的參展作品、實驗作品等，這些幾乎都是職人們利用工作之餘製作的。他們一邊持續開發著防火門、百葉窗等新產品，一邊也熱衷於精進傳統構件的製作技術。或許，面對人們日漸多元化的門窗需求，製造者們也得力求兼具新興與傳統的多樣化技術。

這些是過去曾經參展的門扇作品。上方圖片左邊的格狀門扇是以稱做「本捻組」的木格柵（組子）方式製作，這種榫接方式乍看之下並不特別引人注目，但只要仔細探究就會驚訝於它的組合方式竟如此複雜難解。不僅如此，本捻組整體的表面都帶有弧度，是相當優異的技術。

右圖是上方照片左邊數來第二道門扇上所用的轉角接合（組手），雖然外觀貌似鳩尾榫（蟻ほぞ），但同樣也是讓觀者摸不著頭緒的榫接方式。

這位是山二建具的二村淳彥專務（相當於董事一職），他在各大展示會上的獲獎經歷相當豐富。

左圖是專務慣用的木工工具，他在工作之餘時也熱衷於鑽研各種技術。

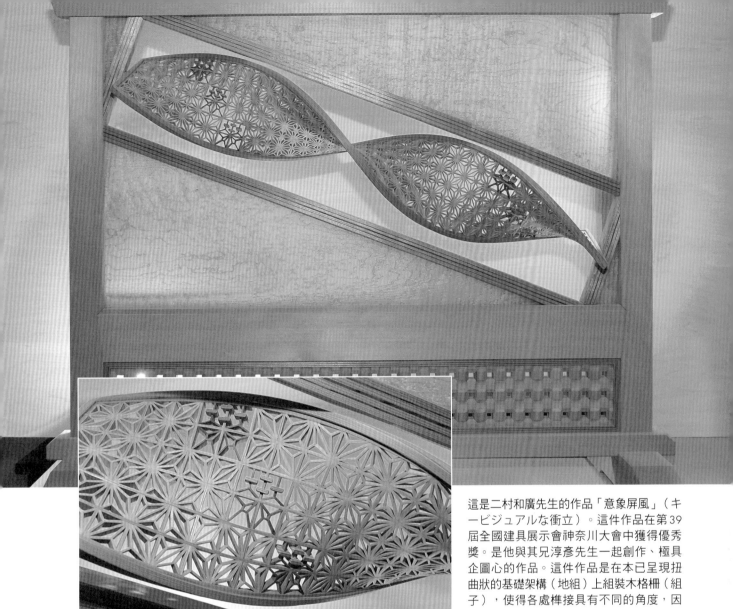

這是二村和廣先生的作品「意象屏風」（キービジュアルな衝立）。這件作品在第39屆全國建具展示會神奈川大會中獲得優秀獎。是他與其兄淳彥先生一起創作、極具企圖心的作品。這件作品是在本已呈現扭曲狀的基礎架構（地組）上組裝木格柵（組子），使得各處榫接具有不同的角度，因此需要高度的製作技術。

山二建具是由藪崎博義、二村寅朗共同創立。右方照片中是現任社長藪崎雅巳。二村淳彥專務、二村和廣常務等第二代，也都一同守護著公司，致力於門窗業界的發展。他們一方面努力從事新興技術與產品的開發，另一方面也積極投入傳統工法的傳承、培育年輕工匠，並派學徒前往東京建具高等職業訓練學校。日本各地門窗業者的第二代、第三代也都會來此學習。

（株）山二建具
郵遞區號：270-2224
地址：日本國千葉縣松戶市大橋160番地4
電話：＋81（0）47-391-6111
http://www.yamanidoor.co.jp/

專題5 日式傳統門窗樣式

提到門窗，也有很多在現代建築中不會使用到的種類。本篇將介紹日本傳統建築、和室裡的門窗。

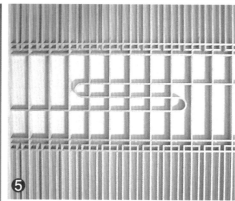

❶ 摺上障子（摺上げ障子）：依地區不同有時也稱做雪見障子。將門扇（障子）下半部的扇片向上拉起後，可見到木框內鑲嵌了玻璃。有只鑲嵌玻璃的樣式，也有可橫向推拉的樣式。

❷ 源氏襖[1]：開口部所用的木格柵（組子）是雙線分割菱格紋（二重割菱）。

❸ 欄間：圖中這種將開口部的木格柵（組子）做成梳齒狀（筬組み）的樣式稱做筬欄間。

❹ 書院[2]障子：一般會在窗格上方設置欄間。圖❺是木格柵的細部，這種S形紋路稱做曲水。

❻ 紗窗（網戶）：這是最近較少見的木製紗窗，網面材質為不鏽鋼。

❼ 橫條格拉門（舞良戶）：是相當具代表性的板門（板戶）。常見於衣櫃、廁所、鞋櫃等室內空間、物件的門扇。

譯注
1　源氏襖：設有透光單層和紙開口部（障子）的糊紙拉門。
2　書院：指凸窗形式。

⑧

⑨

⑩

⑪ 潛門（くぐり戸）：在正門旁邊、或是嵌入大型門扇中的出入口小門。
⑫ 木板套窗（雨戶）：防範風雨的橫拉門，大多使用杉或檜木。
⑬ 格扇門（栈唐戶）：用於寺廟的門。

⑪

⑫

⑬

⑧ 支摘窗（蔀戶）：源自於寺社建築的門扇，是種具有木方格的板門（板戶）。上方裝設有鉸鏈，可水平上拉開啟。
⑨ 唐戶：搭配直櫺條（連子）的板門，主要用於佛堂等處。
⑩ 板門（板戶）：大多用於具有一定歷史的農家大門、寺廟大門等處。

各式門窗木格柵

　　木格柵（組子）從基本型進化到變化型，其種類繁多、不計其數。在此以介紹基本型為主，僅供各位參考。

方格拼花（枡物）

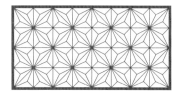
角麻葉紋（以完整單元重複圖樣）（角麻の葉・真柄）

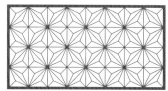
角麻葉紋（以1/2單元重覆圖樣）（角麻の葉・半柄）

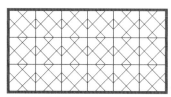
方格交疊拼花（枡つなぎ）

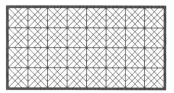
方格交疊拼花（三方格）（三枡つなぎ）

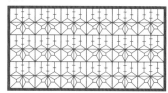
桐紋（桐）

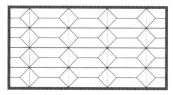
算盤狀格柵（そろばん組子）

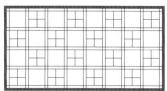
田字組拼花（田の字組）

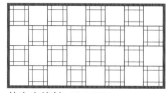
井字方格紋（送り井桁）

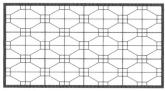
蜀江紋（蜀江）

菱格拼花（菱物）

單線菱格紋（一重菱）

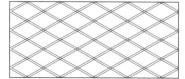
雙線菱格紋（二重菱）

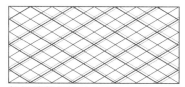
粗細線菱格紋（子持菱）

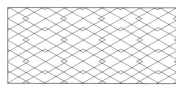
端角交疊菱格紋（一重割菱つなぎ）

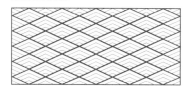
青海波菱紋（青海波菱）

石垣菱格紋（石垣菱）

龜甲紋（亀甲物）

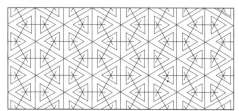
三角形組合龜甲紋（弁天角亀甲）

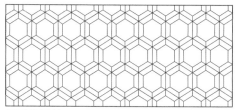
三重龜甲紋（三重亀甲）

Part 3
用於家具、器物的榫接

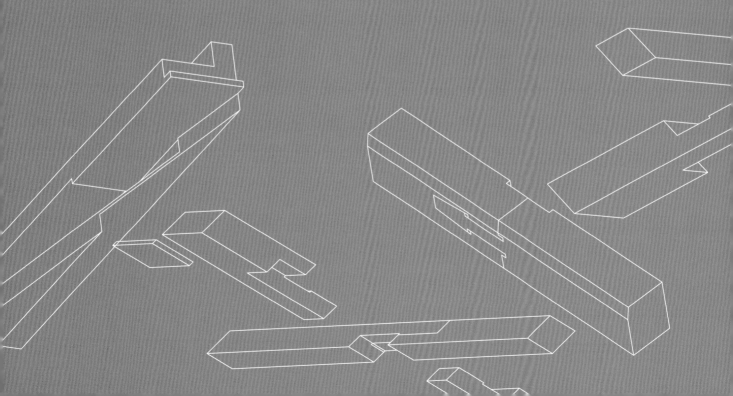

3-1 家具、器物中使用的手法
四方棚架、桌子的榫接

左頁中的四方棚架是模仿書齋裡的李朝家具[1]製成。它的外表雖然纖細，做工卻相當穩固，也可擺設在和室以外的地方當做展示架。右頁中的長桌桌腳做成格柵狀，展現出輕盈的外觀。

兩側變形方榫斜角接合（二方留変形ほぞ接ぎ）

框架上端的外觀接合處做成斜角（留），橫向框架的榫頭前端也做成斜面（殺ぎ），再分別由兩側插入組合。在框材的角邊刻出小溝（二本坊主面），完成後的外觀顯得柔和且優雅。

製作者：谷 進一郎

譯注
1　李朝家具：李朝是朝鮮時代最後一個王朝（1392～1910年），當時的兩班（士大夫）階層嚮往「清雅」、「簡潔」精神，也連帶影響當時代的家具設計大多簡潔、雅緻。另一特徵為製作上巧妙而合宜地組合各式木材，使家具呈現出自然的溫和風情。

嵌槽鳩尾榫接合

（寄せ蟻ほぞ接ぎ，參照第121頁）

大型桌子等家具，有時會將桌板與桌腳分開製作，分成幾個部分運到定點後再行組裝。將桌腳頂端的榫頭插入桌板背面的榫孔後，再加以移動就能卡緊。

製作者：川口清樹

三角尖端中間支腳接合（格肩榫）

（劍留ほぞ接ぎ，參照第130頁）

是常用於家具、器物的榫接工法，它兼具強度與美觀，外觀上予人纖細而輕盈的印象。

椅子的榫接

　　正因為是給人坐的椅子，更要以強固的榫接來製作。同時也需考量到能否滿足設計上的美感。在這些原則下，製作出各式各樣的椅子。

添榫雙榫接合
（小根付き二枚ほぞ接ぎ）

以方榫接合椅背條與椅枕後，再以設有添榫的雙榫（二枚ほぞ，參照第128頁）將椅背條插入椅面後方進行接合。椅枕的設計別具特色。

餅乾片（檸檬片）接合
（ビスケットジョイント，
biscuit joint，參照第134頁）

當椅面由幅寬狹窄的板材拼接而成時，會使用一種形似餅乾（biscuit）的集成材小板「餅乾片（台灣因其形狀稱檸檬片）」，來製作高強度且寬大的椅面。圖中是先在椅面板材上排列餅乾片（檸檬片）以確認接合位置。

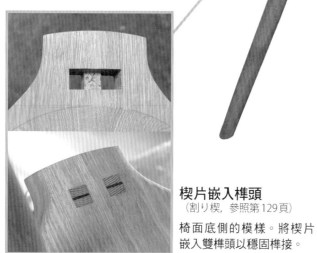

楔片嵌入榫頭
（割り楔，參照第129頁）

椅面底側的模樣。將楔片嵌入雙榫頭以穩固榫接。

製作者：堀 昇

添榫雙榫接合（小根付き二枚ほぞ接ぎ）

將橫撐（前幕板）卡入前方椅腳間，為了追求穩固會將榫頭做得較寬厚。

方榫接合（ほぞ接ぎ，參照第127頁）

將後方椅腳向上延伸後，再於其間插入橫向木條做成椅背。

製作者：山上 一郎

楔片固定（楔止め）

將楔片敲入貫穿上方曲木的椅背條頂端，再將超出的部分切除。

圓棒榫頭楔片加固（丸ほぞ楔止め）

將椅腳的頂端貫穿出椅面後再敲入楔片，最後將多餘的木料切除、削成平面。

製作者：村上 富朗

器物的榫接

在製作器物（指物）時經常會使用從外觀上看不見的暗榫（隱し）工法。這些隱藏在蓋子或主體內的各式榫接，即使位於看不見的部位，仍做得相當精細。

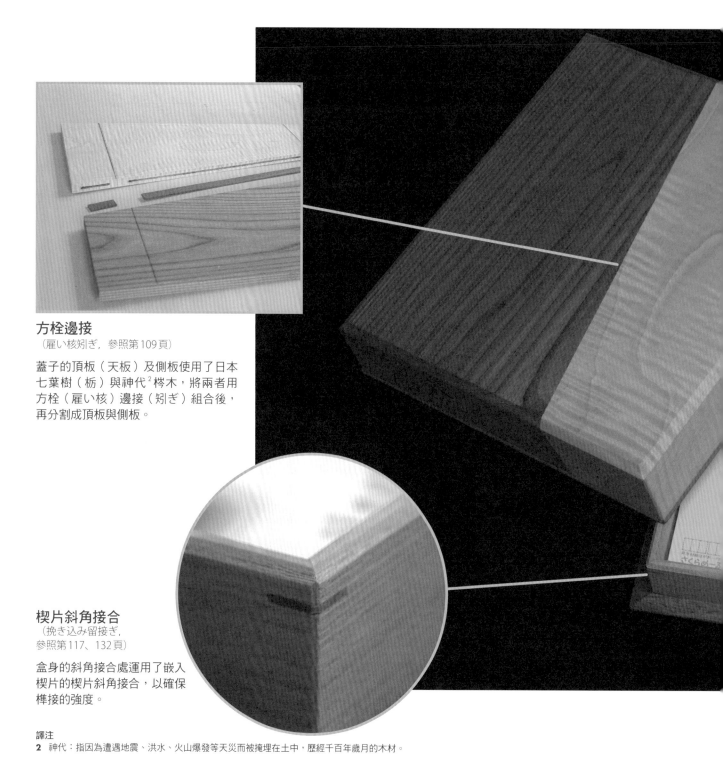

方栓邊接
（雇い核矧ぎ，參照第109頁）

蓋子的頂板（天板）及側板使用了日本七葉樹（栃）與神代[2]欅木，將兩者用方栓（雇い核）邊接（矧ぎ）組合後，再分割成頂板與側板。

楔片斜角接合
（挽き込み留接ぎ，參照第117、132頁）

盒身的斜角接合處運用了嵌入楔片的楔片斜角接合，以確保榫接的強度。

譯注
2 神代：指因為遭遇地震、洪水、火山爆發等天災而被掩埋在土中，歷經千百年歲月的木材。

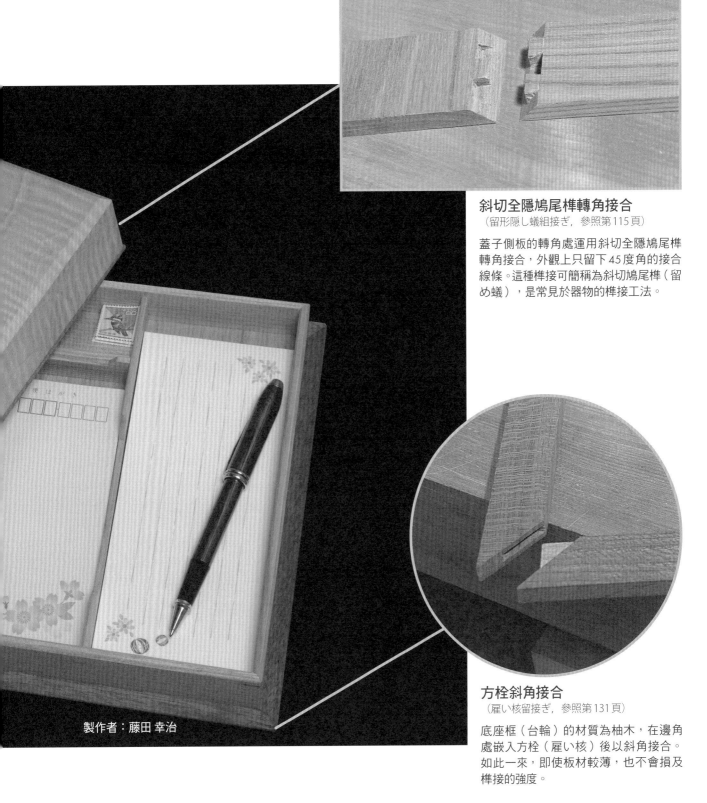

斜切全隱鳩尾榫轉角接合
（留形隱し蟻組接ぎ，參照第115頁）

蓋子側板的轉角處運用斜切全隱鳩尾榫轉角接合，外觀上只留下45度角的接合線條。這種榫接可簡稱為斜切鳩尾榫（留め蟻），是常見於器物的榫接工法。

方栓斜角接合
（雇い核留接ぎ，參照第131頁）

底座框（台輪）的材質為柚木，在邊角處嵌入方栓（雇い核）後以斜角接合。如此一來，即使板材較薄，也不會損及榫接的強度。

製作者：藤田 幸治

3-2 家具、器物的榫接類型

文：上條 勝（長野縣上松技術專門學校主任訓練指導專員）

　　用來製作家具的榫接工法種類相當多樣，不只有追求接合強度的工法，也有極具設計感的工法。本章節將在眾多的榫接工法中，介紹在家具、器物（指物）的製作實務上使用頻率高、技術程度也高的工法，先區分出板材拼接及外框榫接兩大類，接著在各類中依接合的主要目的做區分，其後再依接合方式的種類來說明細項。

板材拼接

　　板材拼接通常用於製作桌板或衣櫥的側板等處，主要目的包括：加大板材的幅寬、箱子或棚架內隔板的直角接合、避免砧板木料彎曲等。

外框榫接

　　框組工法常用於家具、門窗（建具）等處，是一種先組裝外框，再於其中嵌入鑲板（鏡板）的工法，具有輕巧、堅固的優點。基於前述理由，它也可用於障子、襖、門板（扉）等可拉合的門窗種類。

板材拼接
邊接 （矧ぎ合わせ）

邊接是將板材的端面與其他構件接合的工法。主要用於加寬板材，將同一樹種、幅寬狹窄的木材接合在一起。

平邊接 （すりあわせ矧ぎ［いも矧ぎ］）

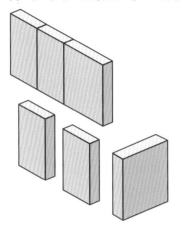

平邊接是最常見的邊接工法，是邊接中的基本形。訣竅是在接合處留下些微縫隙，也可在表面嵌入蝴蝶鍵片（蟻形契）。

半槽邊接 （相欠き矧ぎ）

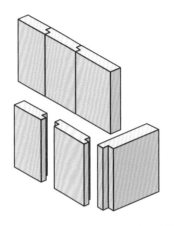

將木材端面削出厚度減半的溝槽後再加以接合，比平邊接（すりあわせ矧ぎ）要來得強固。適合用於板物[3]、薄物，也常用於器物（指物）。

這是將狹窄的板材拼接後製成桌板的範例。會使用夾具將板材緊密地固定。

方栓邊接 （雇い核矧ぎ）

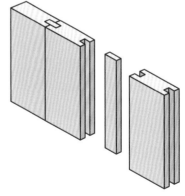

方栓（核）的厚度約為板材的1/3～1/4，其寬度則是厚度的四倍左右，將方栓嵌入兩側的板材中以增加接合面積。雖然方栓的材質多為合板，但當它需要貫穿凸出時，則會在接近木材端面處使用實木材。也有方栓不貫穿木材、將端面藏於接合處中的做法。

譯注
3 板物：以板組合而成的漆器總稱。

舌槽邊接（本核矧ぎ）

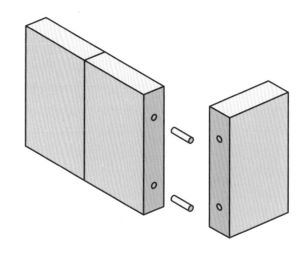

舌榫厚度為板材的1/3，其榫頭深度（寬度）約為厚度的兩倍。大多用在實木板材的邊接，常用機具來加工製成榫頭、榫孔。

木釘邊接（だぼ矧ぎ）

這種榫接的撓曲強度高，木栓部分會做成木釘（だぼ）的樣式，除了圓棒狀木釘，也會使用竹釘。除了用來接合板材與板材，也會用於板材與角材、角材與角材的接合。

指接榫邊接（相互矧ぎ）

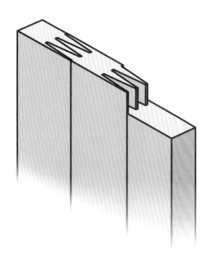

以機械刀具製成小型指接榫頭等樣式以增加接合面積，這種榫接不僅強固、且不易錯位。

邊接時也經常運用餅乾片（檸檬片）接合（biscuit joint，參照第134頁）。雖然必須使用專用的刀具切割，但可縮短加工時間、不易錯位，並且相當堅固。

板材拼接
端面接合（打ち付け接ぎ［胴付合せ］）

　　這是將板材的端面抵住另一板材的側面進行接合的工法。接合處會使用黏著劑、釘子等加以固定。這種工法加工便利，因此常用於棚架的隔板、一般常見的盒箱等。

釘接合（打ち付け接ぎ）

將板材互相抵住後再以釘子或木螺釘，並加上黏著劑一同固定。經常用於箱組[4]（箱組み），也可用於棚架的隔板或層板等處的接合。

木釘嵌槽接合（包み打ち付け接ぎ）

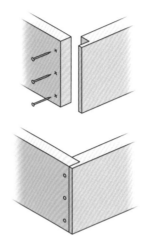

除了用於接合抽屜的前板與側板，也用在底座框（台輪）的轉角，通常會使用釘子或木螺釘並加上黏著劑一同固定，最後再用木釘（ダボ）遮蓋起來。

角落釘接合（隅打ち付け接ぎ）

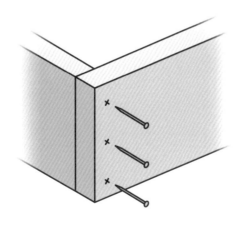

除了用於一般的箱組（箱組み）之外，也用來製作搬運用的木箱。

這是用於接合抽屜前板與側板的木釘嵌槽接合（包み打ち付け接ぎ）。

譯注
4　箱組（箱組み）：抽屜前板處再附加一層裝飾板的組合方式。

簡單橫槽接合 （追入れ［大入れ］接ぎ）

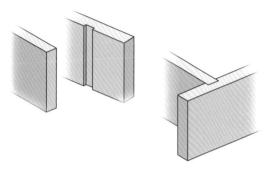

將其中一片板材嵌入另一片板材側面的溝槽中接合。溝槽的寬度與欲嵌入板材的厚度相同。用於盒箱的隔板、T形的隔板等處。

橫槽露面榫頭接合 （片胴付追いれ接ぎ）

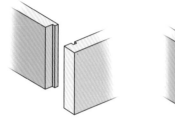

用於T形、轉角處的接合或層板、水槽、子盒底（入子底）、較高級的箱組（箱組み）。將其中一片板材的其中一側切出榫肩，凸處嵌入另一板材的橫槽中。尺寸精確會使外觀的正面更為美觀。

止橫槽接合 （肩付き追いれ接ぎ）

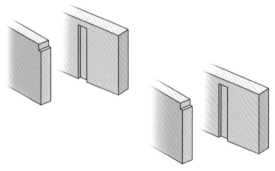

在其中一片板材前端切出一處小型榫肩（胴付き），凸處嵌入另一板材側面的橫槽。尺寸精確會使外觀的正面更為美觀。

用於接合抽屜背板與側板的橫槽露面榫頭接合（片胴付追いれ接ぎ）。設於板材下方的溝槽是用來嵌入底板。

止橫槽露面榫頭接合
（肩付き片胴付き追いれ接ぎ）

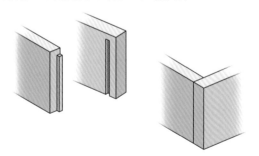

用於較高級的箱組（箱組み）。在其中一片板材單側與前端設置榫肩，凸處嵌入另一板材側面的橫槽。尺寸精確會使外觀的正面更為美觀。

鳩尾橫槽接合 （蟻形追いれ接ぎ）

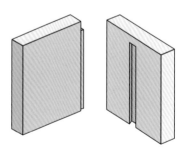

用於較高級的箱組（箱組み）。在其中一片板材的鳩尾榫頭前端切出一小段榫肩，凸處嵌入另一板材側面的橫槽。尺寸精確會使外觀的正面更為美觀。用於層板、階梯、底座框（台輪）等處。

板材拼接
轉角接合 （組接ぎ）

　　是既強固且美觀的榫接，用於男木、女木的轉角接合（組手）。目前大多使用機具加工，但也有些轉角接合只能以手工製作。用於高級的箱組（箱組み）等。

雙缺榫轉角接合 （二枚組接ぎ）

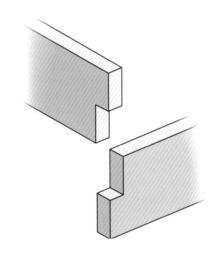

是轉角接合中最基本也最容易製作的榫接。用於簡易的箱盒等處。

轉角多榫接合
（あられ［石畳・刻み］組接ぎ）

榫接處的凹凸切割數量多的榫接方式總稱為轉角多榫接合，其榫頭、榫孔的幅寬小於板材厚度。用於高級的箱盒。

三缺榫轉角接合 （三枚組接ぎ）

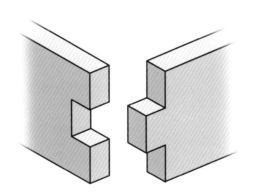

是將板材依高度在端面均分為三等分切割出卡榫後加以組合的工法，通常用於要求強度的箱盒等處。

上側斜角五缺榫轉角接合
（上端［前］留五枚組接ぎ）

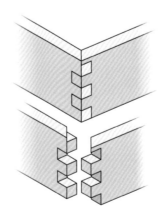

上側面形成斜角接合（留）。這種榫接用於既要求強固、又注重美觀的箱盒等處。

兩側斜角轉角接合（両端留組接ぎ）

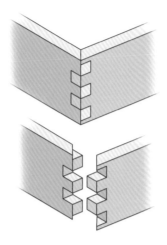

這種榫接的榫頭厚度小於板材厚度，用於高級的箱盒。

以鑿削斜角專用的治具來加工，可製作出角度正確的斜角榫頭（留ほぞ）。

三角榫接合（天秤ざし接ぎ）

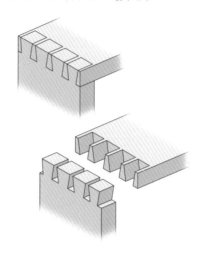

將鳩尾榫接合（蟻組み）凹凸處的尺寸反過來使用。

這是三角榫接合（天秤ざし接ぎ），用於製作高級的箱盒。

鳩尾榫轉角接合（蟻組接ぎ）

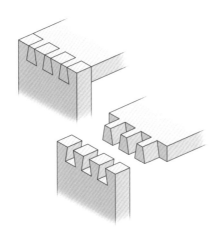

將榫接處做成一排鳩尾榫，由其中一方的構件插入另一構件接合。大多用在講求榫接強度的物品。

全隱鳩尾榫轉角接合（隱し蟻組接ぎ）

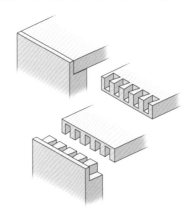

接合完成時外觀雖然與木釘嵌槽接合（包み打ち付け接ぎ，參照第111頁）相似，但內部結構是成排的鳩尾榫。有助於防止前板彎曲。

斜切全隱鳩尾榫轉角接合
（留形隱し蟻組接ぎ）

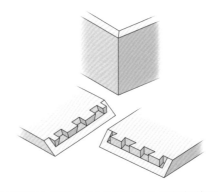

用於最高級的箱組，也可用來接合棚架類的頂板與側板，或可見於底座框（台輪）、床柱⁵邊的長押等處。這種榫接的外觀看似平斜角接合（平留接ぎ，參照第131頁），但榫接的木紋、木材端面的接縫、和外觀塗料的色調都相當和諧。

圖中是加工中的斜切全隱鳩尾榫轉角接合（留形隱し蟻組接ぎ）。先製作其中一側的鳩尾榫（蟻ほぞ），再以它為基準在另一側的板材上標示墨線。

半隱鳩尾榫轉角接合（包み蟻組接ぎ）

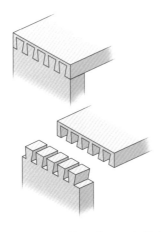

是包覆住木材端面的榫接工法，用來組合高級抽屜的前板與側板。

譯注
5 床柱：床之間旁的裝飾柱。

複斜接合（斜め組接ぎ）

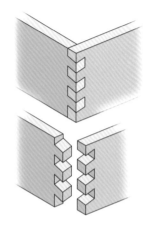

兩側板材的榫頭都削成等同於鳩尾榫斜度的斜角[6]（蟻勾配），是一種不易鬆脫的榫接。最後將榫接處的轉角削出倒角，使外觀呈現繩紋狀。

斜交搭接（ねじ組み［水組］）

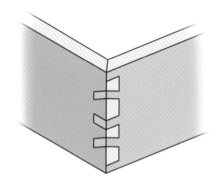

是器物開口呈廣口狀（四方転び）的榫接工法。榫接處呈現水字形，用於製作炭盆（火鉢）等。

這是以複斜接合（斜め組接ぎ）製作的鑿刀收納盒。與其說是為了呈現高級感，不如說是職人基於玩興所製成的作品。

這是以斜交搭接（ねじ組み）製成的鑿刀收納盒。和左側以複斜接合（斜め組接ぎ）製成的木盒是同一個，只是拍攝了不同的角落。因為是職人個人使用的木工道具收納盒，剛好可以拿來練習各種榫接加工。

譯注
6 斜角：一般約介於70～75度。

板材拼接
斜角接合 （留接ぎ）

　　是將轉角處製成斜角、使板材端面不外露的榫接工法。比起轉角接合（組接ぎ）強度
較弱，卻常用於各式物件的加工，從框、禮盒等小器物到框組甲板[7]等。

簡單斜角接合 （大留［いも留］接ぎ）

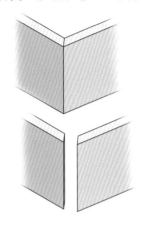

藉由黏著劑來牢固接合，用於箱盒、額緣[8]、鏡框、
框組甲板、邊框（枠組）、座框（座枠）、棚架頂板、
側板、底座框（台輪）、家具上緣裝飾板（支輪）等。

楔片斜角接合 （挽き込み留接ぎ）

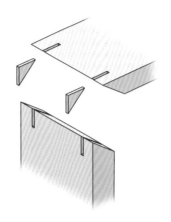

用於簡易箱盒、額緣等物的組合，先以簡單斜角斜合
（いも留接ぎ）後，再嵌入薄型楔片。

方栓斜角接合 （雇い核大留接ぎ）

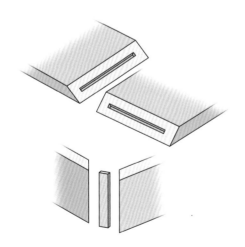

用於裝飾棚架的框組、頂板（甲板）。

楔片斜角接合（挽き込み留接ぎ）不僅能透過嵌入薄型
楔片使榫接牢固，如果使用與板材顏色不同的楔片，也
能改變外觀予人的印象。

譯注
7　甲板：製作家具、門窗時會先製作扇片的外框架，之後才在其中嵌入鑲板。這種外框架日文稱做「框組」，「甲板」則是指頂板、桌板等最上層的板材。
8　額緣：一般是指畫框，但在傳統木造中也指門窗外框。

板材拼接

端邊接合 （端嵌め接ぎ）

　　是在板材端面附加橫木（端嵌め）的工法。將幅寬窄短的材料並排接合後，再於其端面處設置橫木，這種榫接除了可以防止木材彎曲，也可以增加板材寬度。

端邊釘接合 （打ち付け端嵌め接ぎ）

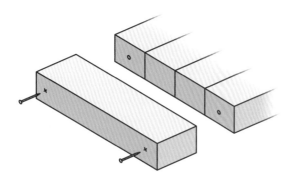

是端邊接合（端嵌め接ぎ）類型中最簡單的工法。將橫木以釘子、黏著劑與木材端面接合固定，再嵌入埋木遮蓋釘頭。

圖中是製作舌槽端邊接合（本核端嵌め接ぎ）的例子。在其中加入不同材質的板材具有畫龍點睛的效果。

舌槽端邊接合 （本核端嵌め接ぎ）

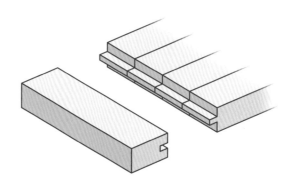

這種榫接接合緊密，是一種確實嵌合木材端面與橫木的工法。使用黏著劑時可能會造成邊接的成排板材斷裂，而加裝木螺釘時則須鑿出長橢圓狀的孔洞。

鳩尾舌槽端邊接合 （蟻形端嵌め接ぎ）

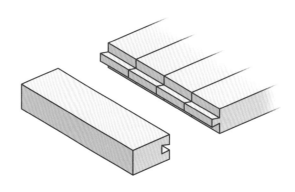

雖然使用了黏著劑來接合強度卻仍不足。是將舌槽端邊接合（本核端嵌め接ぎ）的榫接處做成鳩尾狀（蟻形）的類型。

貫穿方榫橫槽接合
（通しほぞ端嵌め接ぎ）

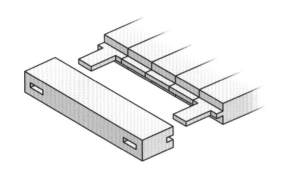

是考量到板材的收縮膨脹而採用的工法。板材與橫木可確實接合，常用於橫幅寬大的物品。

舌槽斜角端邊接合 （本核留端嵌め接ぎ）

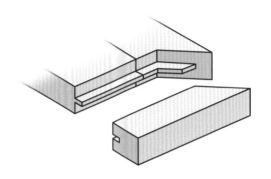

這種榫接相當強固、且外觀優美，用於裝飾性的蓋子、掛板門（懸戶）等處。因為沒有預留板材收縮膨脹的空間，所以不適合用在幅寬較大的物品上。

斜角端邊接合 （留端嵌め接ぎ）

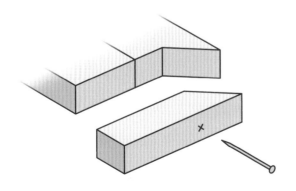

為了遮蓋橫木的端面，將板材與橫木的側面接合處都削成斜角（留），再釘入釘子固定。

貫穿舌槽斜角端邊接合
（通し本核留端嵌め接ぎ）

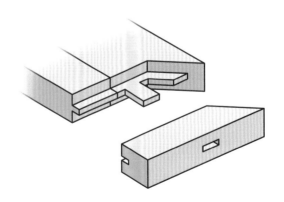

在接合部分再加上了方榫，是相當牢固的工法。

鳩尾穿帶接合 （吸い付き蟻接ぎ）

　　這是在板材的內側嵌入穿帶（吸い付き栈）的工法。除了具有防止頂板彎曲的效果，如果用於桌板底部還能當成與桌腳的接合部。也是可有效因應頂板木材收縮的榫接工法。

貫穿鳩尾穿帶接合
（通し蟻形吸い付き蟻接ぎ）

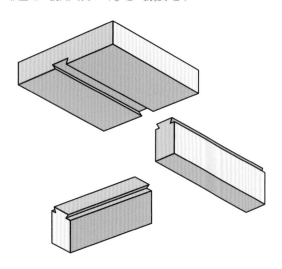

穿帶可能會因為頂板木材的收縮而露出端面，因此尺寸上每30公分須縮減約1公釐的長度。等到頂板製作完成後，在其內側加工製成鳩尾溝槽（蟻溝），溝槽最恰當的寬度是插入穿帶時前2/3可用手推入，後1/3則要用木槌敲入。

圖中正在板材上推入不貫穿鳩尾穿帶（止め蟻形吸い付き栈）。鳩尾溝槽須加工到一定的寬度，使穿帶一開始可用手推入，剩下的1/3部分則要以墊木（当て木）抵住、再用木槌敲入。

不貫穿鳩尾穿帶接合
（止め蟻形吸い付き栈）

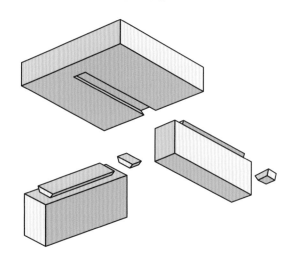

為了遮蓋某一側的鳩尾溝槽（蟻溝），在該側尾端嵌入與頂板相同木紋的木料，並留下伸縮縫。先製作較長的穿帶，再依據硬度裁切，穿帶兩端則預留木材收縮的空間。

嵌入不貫穿鳩尾穿帶（止め蟻形吸い付き栈）後，再將埋木嵌入鳩尾溝槽。埋木的木紋方向和頂板相同。

嵌槽鳩尾榫接合（寄せ蟻接ぎ）

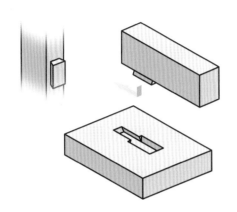

用於板材邊接、頂板（甲板）與長撐（幕板）的接合等。在女木上切鑿出可嵌入鳩尾榫頭（蟻ほぞ）的四角形榫孔，將鳩尾榫頭插入該榫孔後再向前滑入鳩尾溝槽（蟻溝）內。這種榫接可有效對抗張力。

多鳩尾鍵片穿帶接合（連れ雇い蟻形吸い付き桟接ぎ）

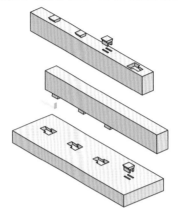

將鳩尾鍵片（蟻形雇い）嵌入穿帶中，且為了讓木材尾端也能卡緊，在頂板上也在和溝槽推進方向相反處嵌入鳩尾鍵片，與穿帶上的溝槽嵌合。

螺釘穿帶接合（吸い付き桟接ぎ）

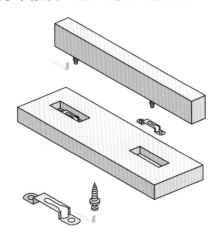

使用螺釘與嵌卡住螺釘的五金配件（引き独鈷金具）來裝設穿帶，可大幅降低木材收縮、彎曲的可能性。以木工雕刻機（router，台灣俗稱路達機）加工板材後，將五金配件裝入頂板（天板）或長撐（幕板）上的凹槽內。

外框榫接

半搭接合 （相欠接ぎ）

是將兩外框構件各自削去一半厚度後加以接合的工法。這種榫接的用途相當廣泛，從建築到門窗、家具、器物等皆可使用。

T形半搭接合 （T形相欠接ぎ）

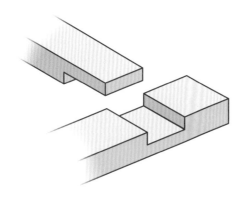

是將材料各削去一半厚度後加以接合的方法，用來組合物件的中段橫架材（中桟）。

斜肩十字半搭接合
（腰付き十字相欠接ぎ）

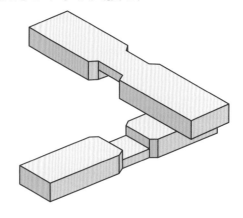

用於構件表面還需再進行加工的情況。也用來製作格狀天花板（格天井）。

十字半搭接合 （十字相欠接ぎ）

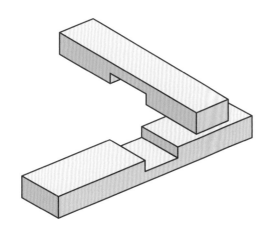

原理與T形半搭接合（T形相欠接ぎ）相同，但接合兩構件呈直角交叉。用於必須以十字形加以組合的構件，如木格柵（組子）、桌、椅的中間撐（貫）等處。

桌腳等處也會使用半搭接合（相欠接ぎ），尤其當桌子不大時，可使桌腳底部的結構顯得簡潔齊整。

不貫穿鳩尾榫半搭接合
（包み蟻形相欠接ぎ）

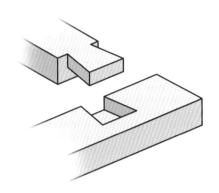

用於家具上、下框架（支輪、台輪）的橫撐（貫）部分。
這種榫接形狀同於鳩尾榫半搭接合（蟻形相欠接ぎ），
但榫頭前端不凸出至外側。

鳩尾榫半搭接合 （蟻形相欠接ぎ）

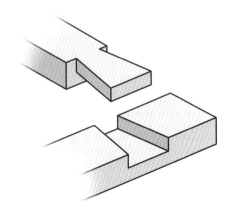

將T形半搭接合（T形相欠接ぎ，參照第122頁）的
前端做成鳩尾狀，可有效對抗拉力，且便於拆卸、組
裝橫架材（棧）。

三缺榫接合 （三枚接ぎ）

是製成男木、女木後加以接合的工法。這種榫接的基本做法，是將板材厚度均分三等分，使接合處形成三片的狀態。大多用於邊框（枠組）。

T形三缺榫接合（T形三枚接ぎ）

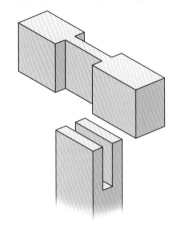

強度更勝於T形半搭接合（T形相欠接ぎ，參照第122頁），在以三缺榫接合成T形時使用。

不貫穿轉角三缺榫接合（包み三枚接ぎ）

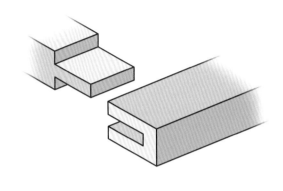

是將轉角三缺榫接合（矩形三枚接ぎ）的榫頭端面包覆於榫孔中的做法。

轉角三缺榫接合（矩形三枚接ぎ）

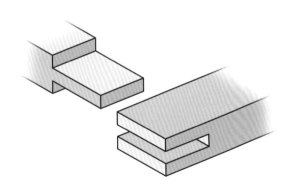

強度更勝於轉角半搭接合（矩形相欠接ぎ），用於中間等級的邊框（枠組）、合板內側的格子狀框架（芯枠）、鏡框等。

鳩尾三缺榫接合（蟻形三枚接ぎ）

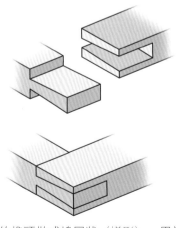

將三缺榫的榫頭做成鳩尾狀（蟻形），用於講求強度的邊框（枠組）。

半隱鳩尾三缺榫接合
（包み蟻形三枚接ぎ）

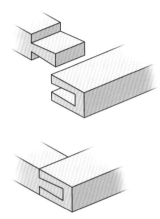

用於講求兼具強度與美觀的門扇、椅腳與抽屜格上框
（上端摺り）的接合。

斜切三缺榫接合 （留形三枚接ぎ）

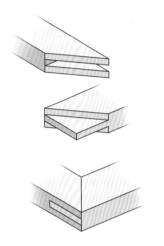

將三缺榫的上、下端做成斜角，以美化外觀。

全隱鳩尾三缺榫接合
（隠し蟻形三枚接ぎ）

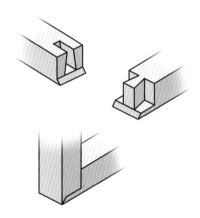

是將榫頭包覆於內側的榫接工法，外觀上看不出榫頭
的鳩尾狀。

不貫穿斜切三缺榫接合
（留形隠し三枚接ぎ）

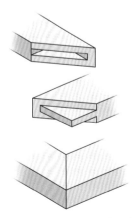

是將三缺榫的榫頭藏於內側的工法，外觀上看不出接
合處的結構。

鳩尾斜切三缺榫接合（留形蟻三枚接ぎ）

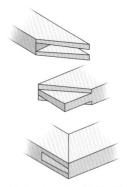

是將斜切三缺榫接合（留形三枚接ぎ）的榫頭做成鳩尾狀的工法。不僅接合牢固不易鬆開，外觀也相當美麗。

斜切暗榫（留形箱止め接ぎ［箱留接ぎ］）

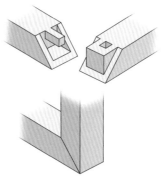

由於結構上結合了方榫接合（ほぞ接ぎ）與轉角接合（組接ぎ），雖然外觀看似平斜角接合（平留接ぎ，參照第131頁），實際上卻是結構相當複雜的榫接。大多用於大型構件，如爐緣[9]、屏風（衝立、屏風）[10]、中式桌（唐机）的轉角等處。

不貫穿鳩尾斜切三缺榫接合
（留形隠し蟻三枚接ぎ）

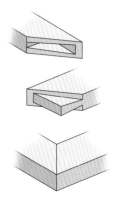

是將鳩尾斜切三缺榫接合（留形蟻三枚接ぎ）的榫頭藏於內側的榫接工法，外觀上看不見榫頭。用於高級邊框（枠組）。

欄間、障子[11]等門窗（建具）類構件也會使用三缺榫接合。上圖為兩側斜切貫穿方榫接合（両端留通しほぞ接ぎ，參照第87頁）。

譯注
9 爐緣：茶室內地爐外側的木框。
10 衝立、屏風：兩者都是屏風類家具，但衝立為無法摺疊、一整片的樣式，屏風則是可摺疊的樣式。
11 障子：單層糊紙門窗。

外框榫接

方榫接合 (ほぞ接ぎ)

是在其中一件構件上製成榫頭，在另一構件上製成榫孔的榫接工法。可説是在建築、門窗、家具等各種使用木構件的情況中幾乎都會用到的榫接工法。

雙肩平榫接合
（二方胴付き平ほぞ接ぎ［平ほぞ］）

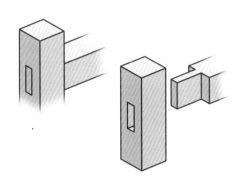

常見的邊框榫接工法，用於建築、門窗、家具等，標準的榫頭厚度為外框厚度的1/3。有時也會以劃線刀（白引）的深度為準，在榫頭窄邊側面切出深度極淺的榫肩，這種做法稱做鑿隱。

四肩方榫接合 （四方胴付きほぞ接ぎ）

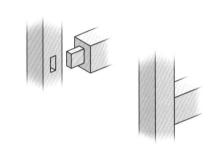

講究外觀時所用的榫接工法，接合完成後外觀上看不見榫孔。

四肩方榫接合（四方胴付きほぞ接ぎ）常用在椅子的中撐（貫）上。

三肩平榫接合 （三方胴付き平ほぞ接ぎ）

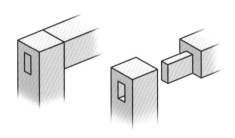

用於邊框端部的方榫接合，為了防止榫孔的頂端斷裂（邊框角落的端面處），將榫頭的高度減少1/3，通常為五分（約1.5公分）。

半槽轉角方榫接合
（違い胴付きほぞ接ぎ）

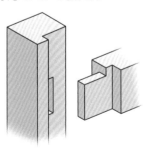

內外側榫肩（胴付）的位置有高低差異，在內側製成可嵌入橫板的切槽。

斜榫接合（傾斜ほぞ接ぎ）

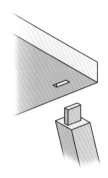

用於椅腳由上而下向外傾斜（四方転び）的椅子等家具。有將榫頭製成傾斜狀的樣式，也有只將榫肩削成斜面的樣式，前者樣式的榫頭常無法順著木材纖維方向加工而成斜狀（目切れ）。

這是將斜榫接合（傾斜ほぞ接ぎ）用於凳子椅腳的範例。

如左圖所示，雖然榫頭呈傾斜狀，但為了防止木材纖維與製材方向呈斜狀（目切れ），加工後會將木材纖維呈斜狀部分（目切れ）留在內側。

單排雙榫接合（二段［重］ほぞ接ぎ）

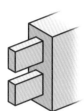

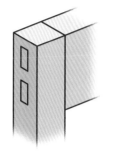

用於接合橫幅較寬的材料的榫接工法，如西式門扇的冒頭（橫框）、桌子的長撐（幕板）等。其榫頭的高度小於長度（即深度），也因此提高了接合強度。

為了讓榫頭可以平順地插入，需要小心仔細地在榫頭邊緣進行倒角處理（面取り），削成斜面。

在難以接合時，與其削切榫頭，不如使用稱做「木殺」（木殺し）的技巧進行微調，也就是以鎚子敲打榫頭使木材壓縮，就會變得較容易接合。

止單添榫接合
（小根付きほぞ接ぎ［腰付きほぞ］）

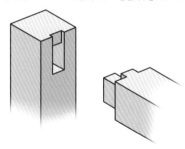

用在外框的角落或是框組的上下段，在榫頭近外側的部位又製成一處添榫（小根），是一種相當不易扭曲的結構。

雙榫接合（二枚ほぞ接ぎ）

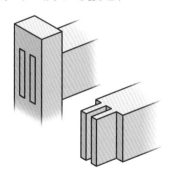

用於抽屜層板上下的木條（棚口）等具深度的物品。將榫頭並列呈雙排形狀可增加接合面積。

雙排雙榫接合（二重二枚ほぞ接ぎ）

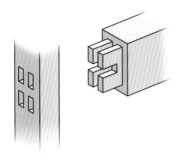

用於外框既厚又寬的構件，如中央橫跨水平冒頭的板門（帶戶）等。如上圖所示，將雙榫做成上下並排的形式。

雙榫（二枚ほぞ）的榫頭之間大多會再設置添榫（小根），此一添榫可使木材不易扭曲；另一方面，當木材因收縮而產生縫隙時，也可避免視線穿透縫隙。

帶楔片方榫接合（割り楔ほぞ接ぎ）

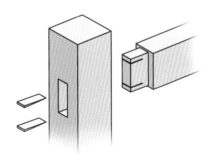

榫頭貫通榫孔接合後，再將楔片敲入榫頭端面，是不易鬆脫的榫接工法。榫孔須配合楔片的斜度加工。

帶楔片方榫接合（割り楔ほぞ接ぎ）也會用在桌腳等處。將桌腳上端的榫頭貫穿桌板進行接合後，再敲入楔片，最後以鋸子削去凸出桌面的部分。

帶楔片不貫穿方榫接合（地獄ほぞ接ぎ）

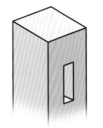

是一種適合用於椅子扶手、岡持[12]提把等處的榫接工法，可避免不外露的榫頭（止めほぞ）鬆脫。將榫孔內側鑿得較寬以便在榫頭處插入楔片。

斜切貫穿方榫接合（留形通しほぞ接ぎ）

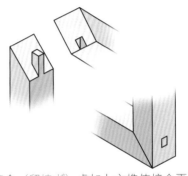

在斜角接合（留接ぎ）處加上方榫使接合更緊密的榫接工法。

上側面斜切貫穿方榫接合
（上端留通しほぞ接ぎ）

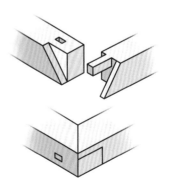

上側面斜切貫穿方榫接合的榫頭為貫穿式，這種榫接以榫肩（胴付）、榫頭增加接合強度，用於額緣、衣架等物。

譯注
12 岡持：一種既寬且深度淺、具提把的箱桶，通常用來運送食物。

三角尖端中間支腳接合（格肩榫）
（剣留ほぞ接ぎ）

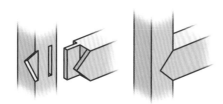

用於展示櫃、茶櫥等物的正面，且邊角會加工成弧面等。常用於器物（指物）。

斜肩斜榫接合（面腰斜め胴付きほぞ接ぎ）

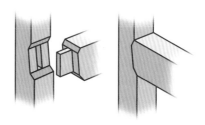

是相當高級的樣式。用於須改變榫肩（胴付）斜度或是木框寬度等情況。

覆面方榫接合
（被せ面ほぞ接ぎ［馬乗りほぞ・蛇口ほぞ］）

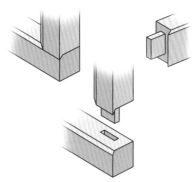

用於一般的門扇、拉門等。

方棒榫接（角ほぞ接ぎ）

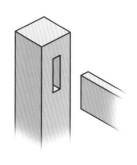

將方形構件以原本的形狀直接當做榫頭插入四方形的榫孔中。

斜肩方榫接合（面腰ほぞ接ぎ）

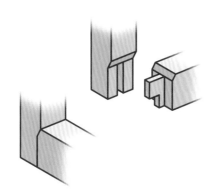

是方榫接合的代表工法之一，用於高級門扇等講究外框架美觀的構件，且邊角會加工成弧面等。

圓棒榫接（丸ほぞ接ぎ）

圓棒榫接（丸ほぞ接ぎ）大多用來接合椅、凳椅腳的中間撐（貫）部分。

將圓棒狀構件的前端直接當做榫頭插入接合。

外框榫接

斜角接合 （留接ぎ）

　　使用斜角接合的目的是為了不讓木材端面外露，是種既能拼接板材，也可用來組裝外框的工法。用於欄間、框等處。斜角接合的另一個優點，就是用於外框組接、和桌板等家具，可使由實木板製成的厚重構件也顯得輕盈。

半斜角接合 （半留接ぎ）

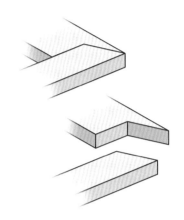

當接合兩構件的寬度不一時就須運用半斜角接合。先在寬度較小的構件上削出斜角（留），再配合它的形狀加工另一側寬度較大的構件。

非45度斜角接合
（あほう留接ぎ［ながれ留接ぎ］）

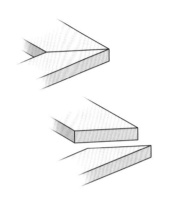

是斜度非45度的斜角接合。用來接合寬度不一的兩構件，以遮蓋住木材端面。

平斜角接合 （平留接ぎ）

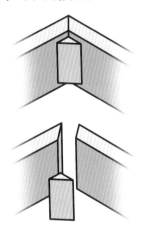

是將接合兩構件的端面都削成斜角後，只以黏著劑接合的方式。為了補強接合，有時會釘入一種波浪狀的鐵片（波釘），或是在轉角處添上補強用的木塊（隅木）。

方栓斜角接合 （雇い核留接ぎ）

在平斜角接合（平留接ぎ）的轉角處插入長方形薄板當做方栓（雇核）的接合工法。另外，也有插入餅乾片（檸檬片）的做法。

切槽斜角接合（欠き込み留接ぎ）

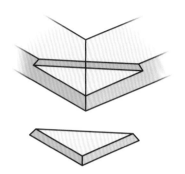

將平斜角接合（平留接ぎ）的轉角處設置切槽，再貼上薄板加以補強。可以簡單地做成畫框。

鳩尾栓片斜角接合
（蟻形契挽き込み留接ぎ）

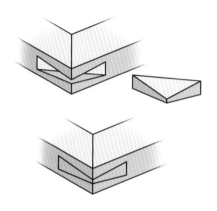

在平斜角接合（平留接ぎ）的轉角處插入鳩尾栓片（蟻形契）來接合。

楔片斜角接合（挽き込み留接ぎ）

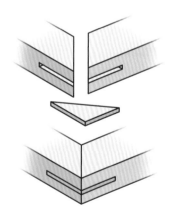

為了補強斜角接合，以鋸刀鋸出缺角後插入薄板的接合工法。多半會基於設計考量而添加薄板。

上圖是以楔片斜角接合（挽き込み留接ぎ）製作畫框的範例。為了與木框本體做出對比，接合處的薄板以黑檀木製成。薄板通常不會太大，但仍會將它切成容易加工的大小再嵌入木框中，最後再以鋸刀削除超出外框的多餘部分。

斜向補強板材接合
（筋違い入れ留接ぎ［鯱栓接ぎ］）

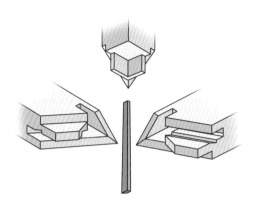

將三角形的斜向補強板材（筋違い平板）插入平斜角接合（平留接ぎ）的端口處，以增加接合強度。插入的是慣用於桌袱台（卓袱台・茶保台）[13]轉角處的竹製鯱榫（車知）。

不對稱三向斜角接合（流れ三方留接ぎ）

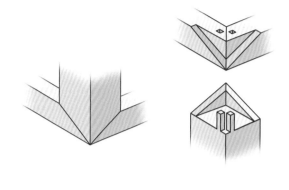

是指三向斜角接合（三方留）的三構件其厚度、寬度都不盡相同時的樣式。

三向斜角接合（粽角榫）
（三方留［燕留・燕口］接ぎ）

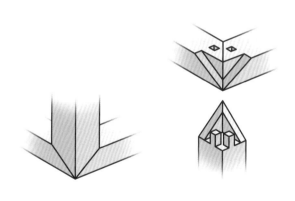

使接合三構件的接合處外觀都呈現斜角（留）的榫接工法。

用於四方棚架等物的三向斜角接合（三方留接ぎ）。

木釘接合 (だぼ接ぎ)

　　木釘（だぼ）接合是可使用於平行、垂直或傾斜角度的榫接工法。雖然可以自行製作使用的木釘，但就量產家具等情況而言一般還是會使用市面上販售的成品。木釘接合可說是想要簡化加工手續、減少作業程序時不可或缺的榫接工法。

木釘接合 (だぼほぞ接ぎ)

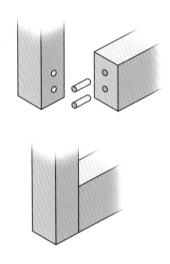

雖然接合強度比不上方榫（ほぞ），卻是相當有效的榫接方式。以直徑8、10、12公釐的木釘（だぼ）為主流，大多為壓縮螺旋紋狀。穿鑿榫孔時須講求精準。此外，確認木釘已完全乾燥也相當重要。

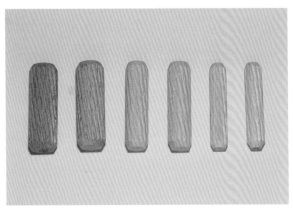

在五金百貨也可買到木釘（だぼ）。圖中木釘的尺寸，由右而左依序是6、8、10公釐，長度都是30公釐。雖然可以直接用鑽頭將接合兩構件各自鑽孔，但為了在正確的相對位置穿鑿出垂直的孔洞，必須用鑽床輔助。

餅乾片（檸檬片）接合
(ビスケットジョイント，biscuit joint)

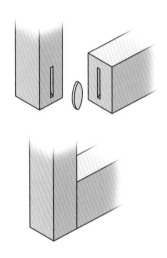

比木釘接合（だぼ接ぎ）更加簡易的榫接工法。餅乾片（檸檬片）也可稱做方栓（雇核），各家廠商都有生產販售。

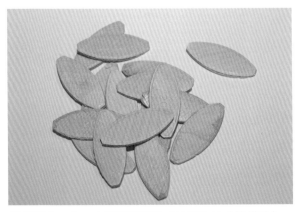

準備好大、中、小各種不同尺寸的餅乾片（檸檬片）。雖然必須使用專用刀具，但只要有它在就能精確地進行加工。

外框榫接
榫接（接手）

　　以長軸方向接合構件的榫接（對接）工法，經常用於建築上。製作家具、器物（指物）時，則少有材料長度不夠的情況，因此除了用在設有層板的四方棚架等處之外，也會用於合板等材料的拼接。

蠟燭榫頭接合（ローソクほぞ接ぎ）

指接榫接合
（フィンガージョイント，finger joint）

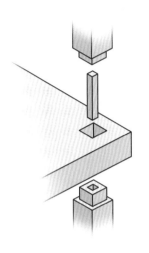

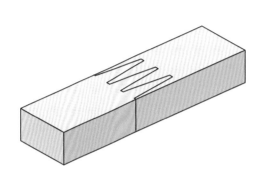

用在貫穿過展示櫃層板的榫頭處。

指接榫可同時讓材料的縱面、橫面接合在一起。且它的接合強度甚至勝過使用聚氨酯黏著劑這種強力黏著劑。

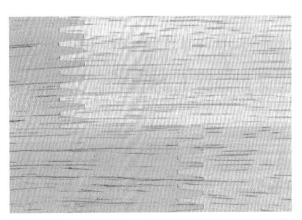

用來製作展示櫃的蠟燭榫頭接合（ローソクほぞ接ぎ）。層板則採用舌槽斜角端邊接合（本核留端嵌め接ぎ，參照第119頁）。這兩種榫接都是用於高級家具的工法。

指接榫（フィンガージョイント）常用於合板拼接。對於場地有限或技術不足以將實木板做成平面狀的業餘愛好者來說，合板是相當便利的材料。

3
用於家具、器物的榫接

其他種類的榫接

　　除了以上介紹的數十種外，其實還有不計其數的榫接種類。以下將介紹幾種不屬於前幾種分類的榫接工法。

橫槽接合（小穴入れ）

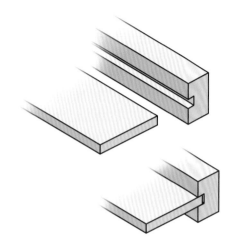

用來將嵌板置入框組中的接合工法。在角材上鑿切一道橫槽（小穴），再將板材插入此處加以接合。當嵌板是採用實木板時，需要將橫槽鑿切得略大，以因應木材的收縮膨脹。

L 形木塊接合（こま止め接ぎ）

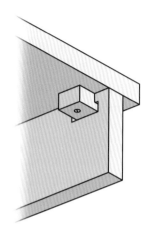

用於頂板（天板）與長撐（幕板）的接合。L 形木塊雖然也可以使用木材加工製成，但最近大多採用市面上販售的五金配件。

箱型四方端面榫接（四方木口ほぞ接ぎ）

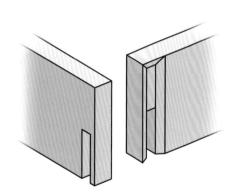 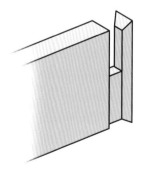

是在木箱盒的四角露出木材端面的榫接方式，基本上屬於雙缺榫（二枚組み）種類。上圖中將木材端面與橫面繪製成恰好切齊的模樣，是為了使讀者容易理解；但實際上如果是以這種狀態來組裝構件，長度恐怕會不夠。因此須注意預留較長的木材端邊，接合完成後才將多餘部分切除。

不可思議的河合繼手 (河合継手)
──無論平行或垂直都可巧妙接合

您知道有一種巧妙的榫接工法，不僅可垂直接合，也可平行接合嗎？它在木材上所標示墨線其實極為簡單，但要能接合得毫無縫隙就相當困難了。

這種榫接是由日本工學院大學建築學部建築學科的河合直人教授於就讀東京大學時所發明的。後來，也就以發明者的姓氏將這種榫接命名為「河合繼手」（河合継手）。

垂直接合

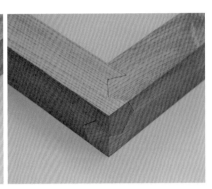

平行接合

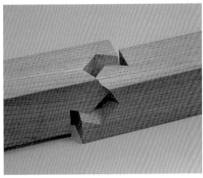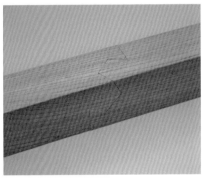

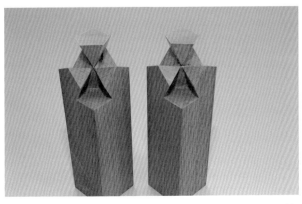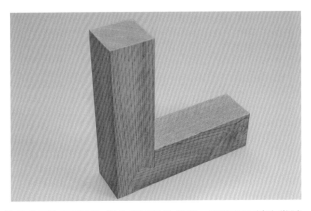

因為這種榫接既可垂直接合、亦可平行接合，比起實用性，使用者更能享受到如組合拼圖般的樂趣。推薦您不妨也嘗試製作看看。

3

用於家具、器物的榫接

家具各部位名稱一覽

本處將介紹兩款椅子及西式衣櫥各部位的名稱，以幫助各位製作現代家具。

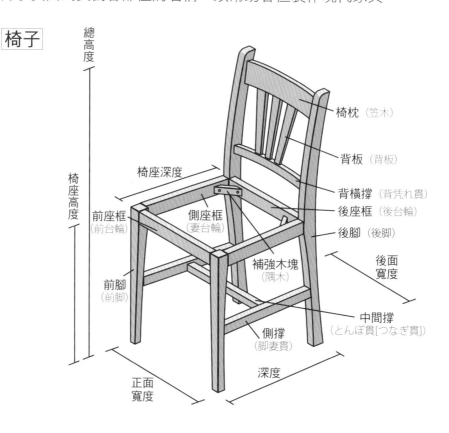

椅子

總高度

椅座深度

椅座高度

椅枕（笠木）

背板（背板）

背橫撐（背凭れ貫）

後座框（後台輪）

後脚（後脚）

後面寬度

前座框（前台輪）

側座框（妻台輪）

補強木塊（隅木）

前脚（前脚）

中間撐（とんぼ貫[つなぎ貫]）

側撐（脚妻貫）

正面寬度

深度

椅背條（スピンドル，spindle）

椅背條（ボウ，bow）

溫莎椅
Windsor Chair

扶手（アーム，arm）

扶手柱（アームポスト，arm post）

椅板（座板）

側撐（貫）

椅脚（脚）

中間撐（中貫）

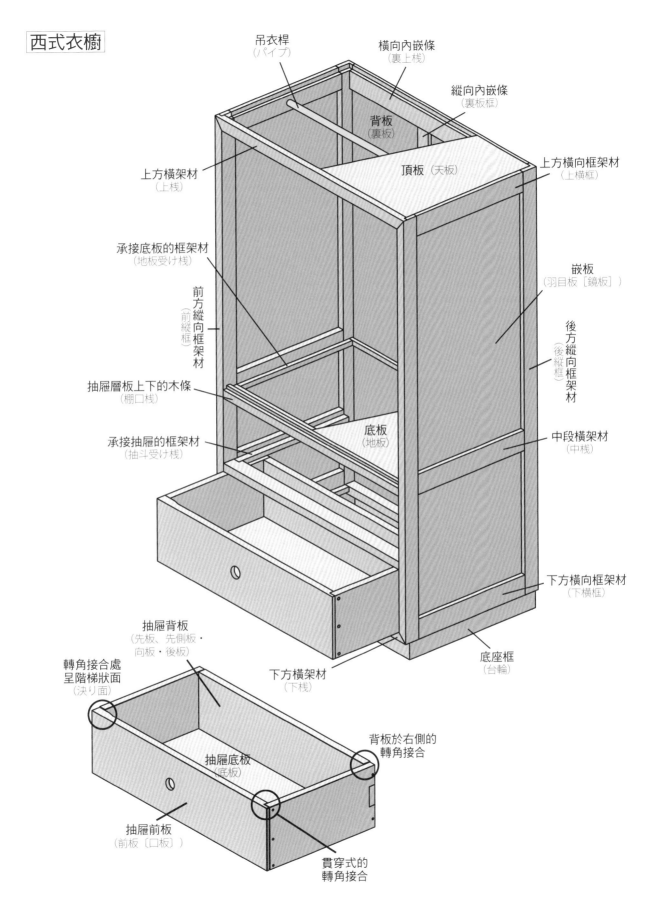

西式衣櫥

吊衣桿
（パイプ）

橫向內嵌條
（裏上棧）

縱向內嵌條
（裏板框）

背板
（裏板）

頂板 （天板）

上方橫架材
（上棧）

上方橫向框架材
（上橫框）

承接底板的框架材
（地板受け棧）

前方縱向框架材
（前縱框）

嵌板
（羽目板［鏡板］）

後方縱向框架材
（後縱框）

抽屜層板上下的木條
（棚口棧）

底板
（地板）

承接抽屜的框架材
（抽斗受け棧）

中段橫架材
（中棧）

下方橫向框架材
（下橫框）

下方橫架材
（下棧）

底座框
（台輪）

抽屜背板
（先板、先側板・
向板・後板）

轉角接合處
呈階梯狀面
（決り面）

背板於右側的
轉角接合

抽屜底板
（底板）

抽屜前板
（前板〔口板〕）

貫穿式的
轉角接合

Part 4
職人們的手工絕活

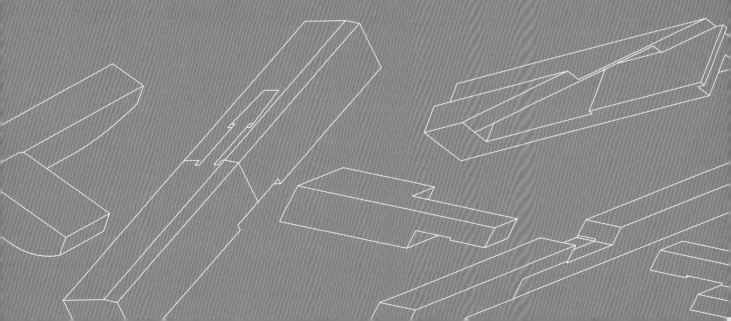

4-1 宮大工的手工絕活

圍樑薄片狀木栓接合 （胴差し車知栓継ぎ）

　　傳統木造建築所用的榫接技術，難以藉由已搭建完成的建築來了解其細部結構。而且，參觀施工現場的機會也相當難得。前人們憑藉著智慧與卓越的技術發展出各種木材榫接組合的技術，並且傳承至今。為了使各位能了解在建築解體修復時才重新被世人所知，並在現代宮大工[1]、建築師的研究後重現的榫接技術，本文將介紹「松本社寺建設」中職人們的工作。

譯注
1　宮大工：專門從事修理、建造寺社佛閣建築
　　的木工匠。

職人使用的墨斗（墨壺）是由他們親手製造。圖中前方的墨斗是弟子內田先生初入宮大工一行時，親手以櫸木製成的。後方的墨斗則是弟子谷田先生在學生時期，以南日本鐵杉（栂木）製成。
兩人當時都是抱持著玩興嘗試手工製作墨斗，但現在墨斗已成為他們工作上不可或缺的好夥伴。

松本社寺建設在瑞泉寺境內設有工坊。

神奈川縣
鎌倉市

技術指導：松本社寺建設

松本社寺建設的專長是修復、整建歷史悠長、傳承了日本文化的建築；另外，該公司也專精於建造日本傳統建築。

主匠師松本高廣在施工現場俐落地指揮大局，但一到休息時間就和顏悅色地與弟子們談笑風生。

下圖左為弟子內田俊矢先生，右為谷口征雅先生，兩位都已經在松本社寺建設工作三年。

加工作業的預備

加工作業開始前有各式各樣的預備工作，例如繪製圖面、在標示墨線前先磨墨、在木材上彈上基準芯墨線、沿著預計切斷部分的邊界線以鑿刀鑿出溝槽（鑿立て）等，這些都是為了凝聚心神以確實進行工作所做的準備。在實際進行作業時，標示墨線的人只專注地畫記、雕鑿的人則專門進行雕刻等，每次都會隨著作業人數的不同而改變分擔的任務。職人們聚集在圖面前，接受主匠師（棟梁）所分配的任務、和指示的工作程序。加工作業從標示墨線開始，職人從自己親手製作、用慣的墨斗裡拉出沾有墨汁的墨線，再對準木材中心彈上基準芯墨線，靈巧地進行著作業。

圍樑（胴差し）所使用的材料是扁柏（ヒノキ，俗稱檜木）。將斷面長六寸五分、高三寸九分的圍樑，從斷面邊長四寸的角柱兩側插入，再讓它們在柱子內部接合。圍樑接合時為了使榫接穩固並防止木材錯位，運用了露面榫（襟輪），並加上薄片狀木栓（車知栓）與插栓（込栓）。從兩側插入接合的圍樑，插入的構件稱做男木、承接的構件則稱為女木。在這次的作業中，女木及柱子的加工是由內田先生負責，男木的加工則由谷口先生負責。

一般作業時考量到效率，經常使用電動機具來進行，但這些都是手工具就可製作的榫接，因此即使效率較差，這次作業仍以手工方式來進行。

職人們為了這次的製作示範，繪製了「圍樑薄片狀木栓接合」（胴差し車知栓継ぎ）的原寸圖。因為本書版面的限制，下方刊載的是縮圖。在電腦繪圖已成主流的今日，像這樣以筆墨繪製的圖面已相當少見。

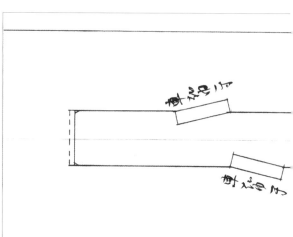

主匠師至今仍會先以磨墨沈澱心緒，然後再下筆繪製圖面。這也表現出職人在著手修復、整建歷史建築時所做的心理準備。

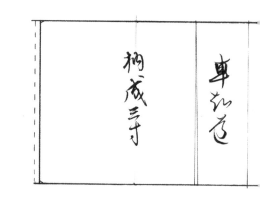

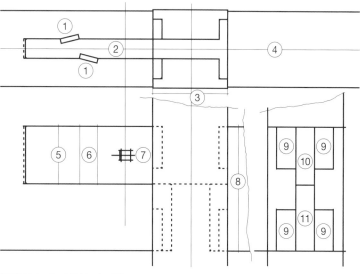

圖面上各部位名稱

① 薄片狀木栓（車知栓）寬1寸
② 榫頭（枘）寬1寸
③ 角柱（柱）邊長4寸1分
④ 圍樑（胴差し）寬4寸
⑤ 榫頭（枘）高3寸
⑥ 薄片狀木栓的榫孔（車知道）
⑦ 插栓（込栓）5分
⑧ 圍樑（胴差し）高6寸5分
⑨ 露面榫（襟輪）
⑩ 榫孔（枘穴）
⑪ 小榫頭（小枘）

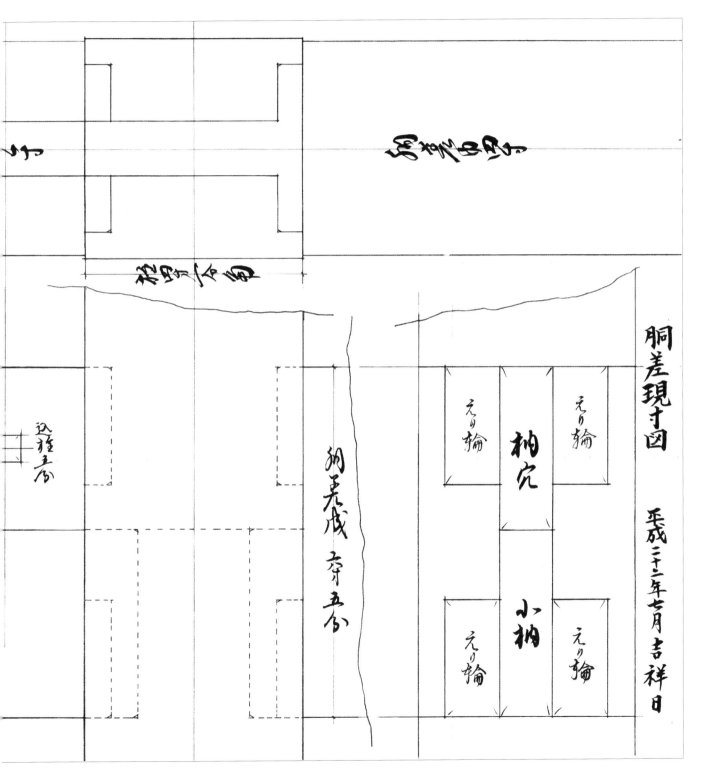

胴差現寸図　平成二十二年七月吉祥日

桝穴　えり輪　えり輪

小枘　えり輪　えり輪

胴差成　奈五分

迎程五分

145

柱的加工作業

　　首先將斷面長四寸的扁柏（ヒノキ，俗稱檜木）角柱橫跨在架（馬）上。施工時須注意無論如何都要考量施工的效率，並在確保安全下，以不汙損木材為原則。當將木材放置在地板上以較低的位置施工時，須在下方鋪設蓆墊等道具以避免材料受到汙損。

彈上準確的基準芯墨線

　　將定針（軽子）固定於柱子的底端，再將墨線纏繞定針兩圈後固定。一開始先在柱體縱向的中心線處彈上基準芯墨線。為確保從墨斗拉出的墨線都能均勻沾上墨汁，會一邊以竹筆（墨さし）輕壓墨綿處、一邊拉出墨線。

　　將墨線拉至與定針相反方向的底端中心處抵住後，只要放開用手指拉緊、提起的墨線，就能在柱材上標示出一條細長而乾淨的線段。這條基準芯墨線是確保榫接各構件能正確接合的基礎。

標示墨線的主要工具為角尺、竹筆及墨斗。

為了使墨斗拉出的墨線都能沾足墨汁，會一邊以竹筆輕壓，一邊拉出墨線。

由柱子縱向中心處開始標示基準芯墨線。先將定釘（軽子）刺入柱子的端部，再將墨線纏繞定針兩圈固定。

在壓住線輪的同時，邊拉緊墨線。

將墨線抵住木材反向的中心處。

當要在與基準芯墨處部分直交處標示墨線時，須使用竹筆與角尺（曲尺）。竹筆上沾的墨汁則從墨斗裡的壺棉處補充。

當竹筆抵著尺規（定規）來標示墨線時，須留意不讓竹筆的筆尖偏離尺規而產生誤差。也就是說，需略微傾斜竹筆使筆尖緊貼尺規以免畫出的線條有所誤差。

當榫頭、溝槽處的墨線標記完成後，還要再加上別的記號，以辨別該榫孔是需貫穿至對側，或是只需穿鑿到一半。這時就先確認好的話，在實際從事榫孔加工時會進行得更加順利。

使用鑿刀加工

鑿孔作業的第一步是沿著預計切斷部分的邊界線以鑿刀鑿出溝槽（鑿立て）。使用一寸六分寬的鑿刀，並分次以鐵錘敲擊鑿刀來進行加工。如果是貫穿的孔穴一般會使用八分鑿刀，但實際作業時還需視榫頭寬度來選擇使用的鑿刀。

鑽鑿榫穴時需依此程序挖深：先在榫孔兩側鑿切一部分以截斷木材纖維，直到中間呈山形後再將其鑿除。請注意切勿躁進、一口氣猛烈地進行鑽鑿，而要在合理範圍內謹慎地下刀。

6 標示墨線時，須傾斜竹筆，使筆身的三角形尖端面與角尺垂直，以此畫線。

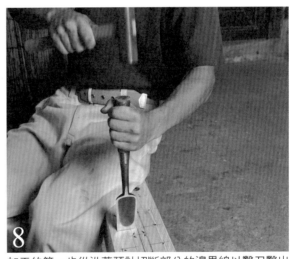

8 加工的第一步從沿著預計切斷部分的邊界線以鑿刀鑿出溝槽開始進行。圖中使用的是一寸六分的鑿刀。

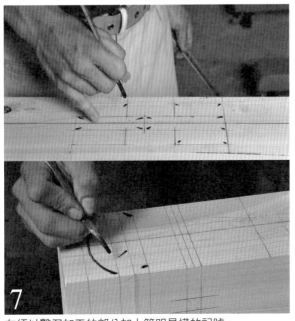

7 在須以鑿刀加工的部分加上簡明易懂的記號。

換一把鑿刀，繼續加工中央預計鑿穿的孔穴。此處榫孔的大小為一寸。

職人錘敲鑿刀的強度，可透過鐵鎚持柄位置的不同來做調整。當所需的錘擊力道較強時，手便握住靠近柄尾處；當所需的敲擊力道較弱時，手便握住柄的中段位置。

榫孔的孔壁必須與柱體表面呈直角，而且將榫孔內各面修整成平面這點也相當重要，因為要是表面粗糙，榫頭就無法順利插入。因此加工修整時，需將鑿刀抵住尺規來削鑿榫孔，而且為了使尺規不亂移動，需以膝蓋確實按壓加以固定（圖15）。

因為這兩段圍檁是以同一高度插入柱子的兩側，所以在柱子的兩面都須進行榫卯加工。

垂直鑿入後，再以傾斜鑿刀的方式鑿入。

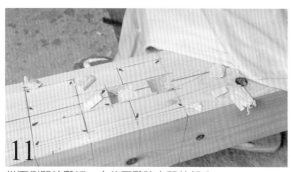

從兩側開始鑿切，之後再鑿除中間的部分。

考慮到工作的效率，選用了750克重的鐵鎚。

在必須講究加工精準時，會使用突鑿。

為了調整敲擊鑿刀的力量，多半會握住槌柄前端。

15
加工修整榫孔內壁時，會以尺規抵住木材，並用膝蓋壓住尺規以避免移動。

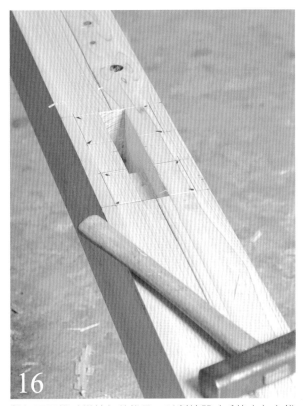

16
鑿切露面榫（襟輪）的榫孔。以劃線器（毛挽き）在榫孔深約五分（約1.5公分）處標示畫記，實際製作時會多削鑿五厘（約0.15公分）。

17
以劃線器在柱材內標示出圍樑露面榫榫孔的深度。

18
為了使本書讀者更清楚看見記號，圖中是以竹筆來畫記。

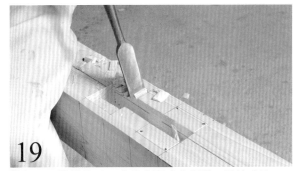

19
鑿切露面榫榫孔時，會比畫記處多削鑿5厘餘（約0.15公分）。

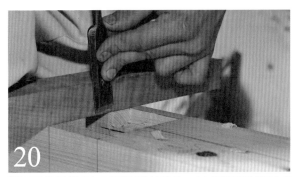

20
鑿刀抵住尺規來加工露面榫的榫孔，以求準確地加工成直角。

21
榫孔加工完成。柱子的對側也製成與圖中同樣的榫孔。

圍樑的加工作業

預備好兩根斷面長六寸五分、寬三寸九分的扁柏材，在木構件端部進行與柱子接合的榫卯加工。插入的構件稱做男木、承接的構件則稱為女木。和前述的柱體加工相同，圍樑（胴差し）加工的第一步，也是從在木材表面畫上基準芯墨線開始。

設置於榫頭兩側、可插入薄片狀木栓（車知栓）的榫孔（車知道），會依據薄片狀木栓的厚度而與木材中線呈斜角。為了不減弱榫頭的強度，榫孔深度大約是榫頭厚度的 1/3～1/4。並且，需刻意錯開榫孔在榫頭兩側的設置處，以免某一部分的榫頭厚度變得太過單薄。薄片狀木栓以兩寸五分（約14度）的角度插入，因此要從基準芯墨線處沿著斜角畫上墨線。由於竹筆尖所含的墨水可能會沾附在尺規上進而汙損材料，因此請切記在進行加工作業時，須經常用布擦拭尺規，以免汙損材料。

22 使用斷面長六寸五分、寬三寸九分的扁柏材，同樣從標示基準芯墨線開始進行加工作業。

23 以食指抵住木料，一邊估量。

24 畫記直角的墨線時，使角尺的長柄抵住木材加以固定。

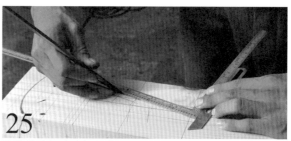

25 薄片狀木栓（車知栓）的榫孔（車知道）呈二寸五分（約14度）的斜角。

26 在朝向女木的木材中心處畫記。

27 如同柱體加工，圍樑的加工也是從沿預計切斷部分的邊界線以鑿刀鑿出溝槽（鑿立て）開始。

男木的加工

接著，在男木上使用縱開鋸中的鑼（ガガリ）來鋸切會插入柱子、具有薄片狀木栓接合的榫頭。使用鋸子時，須以手指抵住鋸面以免位置偏移，並從偏離欲切除部分之墨線五厘（約0.15公分）處開始鋸切。為了能精確地裁切木材，不能只從構件的其中一側著手，還要將構件翻轉至相反側進行裁切，這也是確保能準確製成榫接的技巧之一。

鋸切的方式，以墨線來說，可分成「殘留墨線」（墨殘し）、「留一半墨線」（墨半分）、「去除墨線」（墨払い）三種，分別是從墨線的內側、正中央、外側著手裁切。為了能正確無誤地組裝榫頭及榫孔，上述都是重要的技巧。

除此之外，將構件加工成階梯狀時，須注意讓表面不留下任何多餘的部分。此時，可用鑿刀下切鑿削，將內側角落的多餘木料也清除乾淨。

28 著手鋸切時要以手指抵住縱開鋸（鑼）的鋸面，避免位置偏移。

29 將木材翻轉後從另一側鋸切，一步步地裁切榫頭的兩側。

30 鋸除多餘木料，只留下榫頭的部分。以「去除墨線」方式，從墨線外側進行裁切。

31 由於上方木料的重量會讓鋸子難以前進，因此必須一面將它抬起、一面繼續鋸切。

32 只要謹慎地作業，即便是以手持鋸切割，也能切割得如圖中這般平滑工整。手持鋸也能切割得相當乾淨俐落，此事顯然不言而喻。

33 使用鑿刀深入內側角落鑿除多餘木料。

34 以留一半墨線的方式削出露面榫。

35 以橫切鋸製作露面榫。

36 使用尺規製作榫肩部分，以鑿刀削切完成。

37 以鑿刀將榫頭內角處削鑿乾淨。這裡也同樣以膝蓋緊壓尺規進行加工。

38 最後以溝槽刨刀（際鉋）刨平露面榫頭。

39 削除與柱子榫頭組合的榫孔部分。

40 使用小刨刀（小鉋）調整圍樑上的榫頭厚度。

41 標示插栓（込栓）的墨線。

42

以縱開鋸製作榫頭。

43

插栓（込栓）的榫孔也從預計切斷部分的邊界線鑿出溝槽（鑿立て）開始進行切鑿。

44

將薄片狀木栓榫孔（車知道）的滑角角度以墨線做標示。

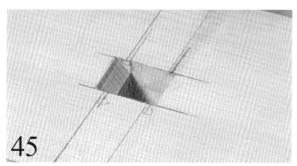

45

插入插栓（込栓）時，如果直接沿著榫孔邊角插入會弄壞榫孔，因此一開始就對榫孔邊角進行倒角處理，削成較大的斜面。

插栓處的倒角處理（込栓の面取り）

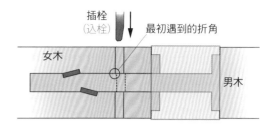

為了在插入插栓（込栓）後男木能與女木緊密接合，會特意將兩者的榫孔位置錯開；又因為插栓插入時可能碰壞最初遇到的折角而無法深入，會特意將榫孔邊緣削出較大的斜面。

46

在圍樑的男木構件上削鑿榫頭兩側的薄片狀木栓榫孔（車知道）。由上端向下削鑿時，為了防止木材裂損，不可一刀切斷到底。

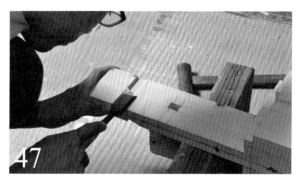

47

使用鑿刀加工，直到完成表面修整。

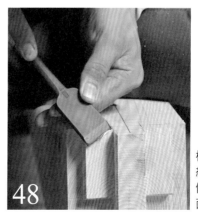

48

榫頭及露面榫頭邊緣處都仔細地進行倒角處理，削出斜面。

沿著裁切記號，從下端開始加工女木。

49

以竹筆再次描繪劃線器的直線，使切痕更清楚。

50

從縱切方式開始製作露面榫（襟輪）榫頭。

51

女木的加工

　　進行女木加工時，須使圍樑與柱子上的基準芯墨線一致。在女木上標示承接男木榫頭的溝槽墨線時，先以劃線器（毛挽き）測量榫頭高度，再準確地標示在女木上。其後，沿著裁切記號進行女木的加工。

　　自圖51起是露面榫（襟輪）的加工。雖然這部分在組裝完成後從外觀上就看不見了，但仍要求在完成後榫頭間不會有任何的差距或是絲毫的凸出。

為了防止變形，在縱向接合處進行加工。

52

雖然從外側無法看見露面榫，但仍要求完成後不會有任何的凸出。

53

插栓與薄片狀木栓的加工

首先在預定插入插栓（込栓）的榫孔處標示墨線。由於插栓具有讓兩側圍樑緊密接合的作用，因此在男木、女木上設置的位置有些微差距，男木上的榫孔相對於女木更靠近柱子五厘（約0.15公分）。榫孔本身的尺寸則是邊長五分（約1.5公分）的方形。

承接薄片狀木栓（車知栓）的榫孔（車知道）則使用特別的工法，做成一種稱做

滑角（滑り勾配）的特殊角度，使薄片狀木栓插入後能在深處密實結合、不易脫落。因為承接薄片狀木栓的榫孔角度呈二寸五分（約14度），所以加工方式十分複雜（參照第153頁圖44）。

在榫頭邊緣處進行倒角處理（面取り）時，會使用銳利的鑿刀下壓削切。雖然榫頭在前、後部分設有插栓與薄片狀木栓，但因為它們都是使接合能更緊密的重要部分，所以會使用櫸木等不易變形的硬材。

54 使用縱開鋸加工榫孔，首先沿截斷處鋸切。

55 以鑿刀從榫孔底部開始削除多餘的木料。

56 鑿切插栓（込栓）的榫孔。榫頭處下墊支撐板以防止木材裂開。

57 在榫孔完成後，先製作好插栓（込栓）與薄片狀木栓（車知栓）。

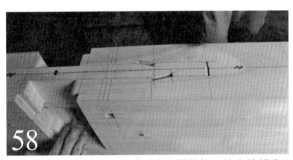

58 先嘗試接合圍樑。圖中左方凹處為圍樑插入柱中的部分。

59 將圍樑的男木插入柱子。

為了讓讀者能看得更清楚，一開始只先試著組合兩側的圍樑（參照第155頁圖58），圖中左方職人手所放置的凹處便是柱子的位置。

將圍樑插入柱中，再將兩片薄片狀木栓同時插入，並以木槌交替敲入。

最後再敲入插栓，這部分的構件接合就算大功告成。

將兩片薄片狀木栓（車知栓）同時插入，並以木槌交替敲入。

已經插入柱子的圍樑。

最後敲入插栓（込栓）。

完成接合的圍樑薄片狀木栓接合（胴差し車知栓継ぎ）。

4-2 門窗職人的手工絕活

蛇首榫轉角接合 (鎌ほぞ組み)

　　障子、襖、格子 等門窗是傳統木造建築中不可或缺的部分，製造這些門窗構件也需要活用傳統的工法、以及各式各樣的榫接技術。

　　新潟縣加茂市自江戶時代末期的文政年間（1818～1830年）就已是著名的門窗構件產地，渡邊文彥先生繼承了當地代代傳承的技術，並以第二代職人之姿守護著這些傳統工法。本文中將由渡邊先生為我們示範相關的加工作業。

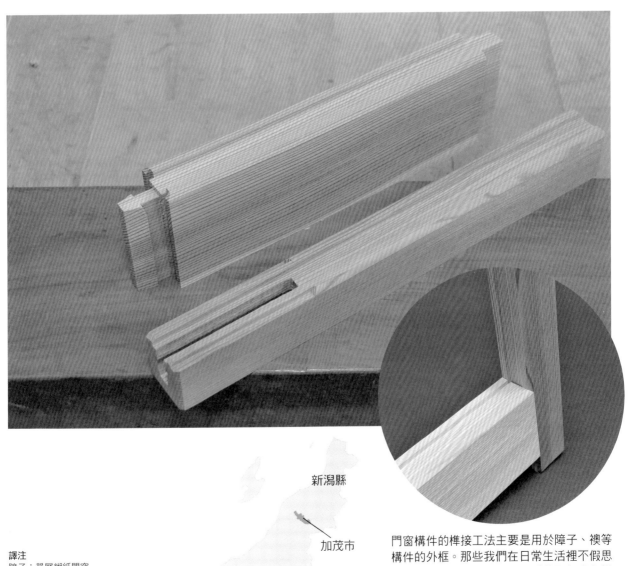

新潟縣

加茂市

譯注
障子：單層糊紙門窗
襖：糊紙拉門
格子：格扇門

門窗構件的榫接工法主要是用於障子、襖等構件的外框。那些我們在日常生活裡不假思索便順手開關的門窗中，也隱藏了各式各樣的榫接工法（參照第83～89頁）。

參考圖

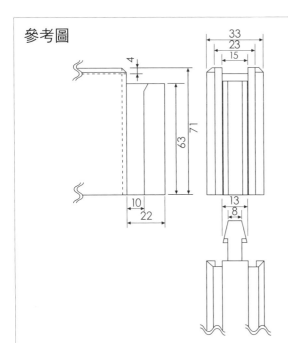

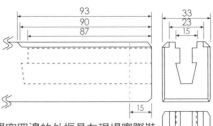

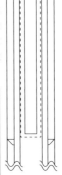

門窗四邊的外框是在現場實際裝設時才會調整高度，因此會在邊梃由底端往上約15公釐處標示參考墨線（上げ墨），再藉由裁切其下方長度來調整。

無論是榫頭的長度、蛇首榫蛇首部位的大小、或是完成的尺寸，都沒有既定的規格，所以會由職人依實際裝設時的條件，找出最適切的尺寸。所以本處的參考圖僅供各位參考。

技術指導

渡邊建具店　渡邊文彥
新潟　加茂市下条甲478-1

　　渡邊文彥擅長於木格柵（組子）這類在傳統門窗製作中最為困難的技術，且技藝高超，完成的門窗成品不會出現分毫誤差。

　　新潟縣加茂市從前有不少製作門窗的店家。渡邊先生身為第二代繼承家業，一方面守住傳統技術，一方面也不斷精進，提供作品參加許多展覽會。渡邊先生獲獎經歷豐富，包括2003年全國建具展示會的內閣總理大臣賞等，並於2007年獲選為「現代名工」。

為了能隨時研磨刀具，在寬闊工坊中的一角設置了研磨專區。

工坊裡還有一整面工具牆，方便隨時取用各式手工具。放置小東西的小抽屜櫃很有魅力。

注：現代名工（摘錄）
創設於昭和42年（1967年），用以表揚具卓越技術、在該領域中頂尖的工藝家。自創設以來，以提升工藝家地位及技藝水準為目的，為活躍於工藝界的職人、有志於投身工藝界的年輕人帶來夢想與希望。本獎項每年舉辦一次，約選出150名獲獎者，由日本厚生勞動大臣（相當於臺灣衛福部首長）進行表揚。

「障子、襖是具代表性的門窗構件，材料大多為針葉樹。出入口的門扇或是門扉則主要使用闊葉樹。」渡邊先生在工作現場的說明相當簡單明瞭。

製作襖的四邊外框

在日本新潟或東北地區[1]等處，大多使用杉材來製作門窗，這次的範例也以杉材來製作。襖的四邊外框有相當多樣的榫接工法，但所有的工法都可拆解，以便能替換內嵌的紙面。蛇首榫轉角接合（鎌ほぞ組み）是利用蛇首榫來接合邊梃（縱框）與冒頭（橫栈），這種榫接看似纖細，實際上卻相當堅固。

標示要嵌入蛇首榫的溝槽部分的畫記。

本範例是利用蛇首榫來接合襖的邊框轉角處。圖中右手所拿的是下冒頭（下橫栈），左手部分則是相當於門柱的邊梃（縱框）。

在邊梃上畫記下冒頭的位置。以直角尺（スコヤ）、劃線刀（しらがき）在由底端向上五分（約1.5公分）處標示畫記。

將冒頭抵在邊梃上，以實物標示畫記。

冒頭上欲鑿切溝槽的部分，以平行四邊形的斜角尺（留定規）標示畫記。尺規由職人親手製作，因為是木製的，所以在使用時不會傷及木材。

請注意在其他木材上也需要畫記出鑿切部分的深度。

以角鑿機銑削出邊梃上的溝槽。為求加工的準確度，須小心謹慎調整機具設定。

譯注
1　東北地區：指日本本州東北側，包含青森縣、岩手縣、宮城縣、福島縣、秋田縣、山形縣等6個行政區域。

在邊梃由下端往上約15公釐處畫記，這類記號是組裝時調整位置的參考墨線（上げ墨）（參照第159頁圖2）。一般來說門窗構件會先在工廠製作完成，在建築工地只就裝設情況進行調整。參考墨線以下的部材可視為是多餘部分，在裝設時會藉由裁切這部分來做調整。

以參考墨線為基準，將冒頭的上端放在邊梃上當做對照加以畫記。在邊梃中央預計插入蛇頭榫部分標示畫記，並以角鑿機削鑿出溝槽，在調整機具設定時力求小心謹慎。實際進行加工作業時，經常會重覆同樣的動作，因此機具的初始設定就顯得相當重要。除此之外，由於製作量大時也須講求效率，所以對專家來說使用機具加工便格外重要，不僅效率高、也能精準作業。

第159頁圖7是下冒頭（下橫栈）加工的範例，利用數控工具機（numeral control machine，簡稱NC機）可精準加工榫頭。

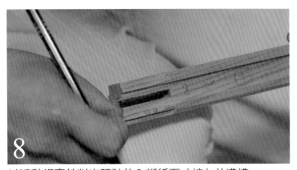

8 以活動鋸臺銑削出預計放入糊紙面（襖）的溝槽。

9 在預計加工出企口榫（ちい）的溝槽處標示畫記。

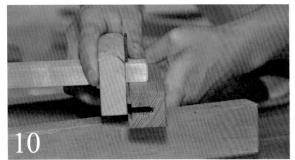

10 表面刨削時，也可使用劃線器（割り罫挽き）來加工，須事先將刀面研磨至鋒利易切割。

11 將削除部分的尾部做成斜面，稱為折腰型（腰型を突く）。須將斜角治具牢牢按壓在構件上進行削除。

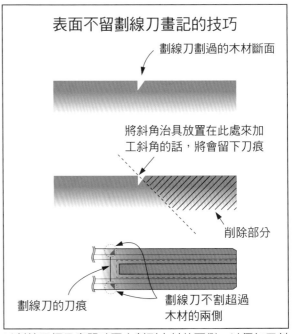

表面不留劃線刀畫記的技巧

劃線刀劃過的木材斷面

將斜角治具放置在此處來加工斜角的話，將會留下刀痕

削除部分

劃線刀的刀痕

劃線刀不割超過木材的兩側

以劃線刀標示畫記時不次劃到木材的兩側，以便加工斜角時不殘留刀痕。

接著以活動鋸臺銑削出蛇首榫根部的溝槽，最後用刨刀刨削蛇首榫的前端部分。

　　加工完成的模樣如第162頁圖26所示，圖中可見到冒頭的一部分遮蓋住了邊梃的下端兩側，接合部的內側部分則是斜角接合。此處的斜角是將斜角治具牢牢按壓緊靠在構件上再以鑿刀進行加工而成。

15

蛇首榫頭的頸部以旋臂鋸機進行削切。

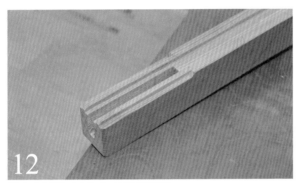

12

設有企口榫（ちい）的邊梃下方。

16

榫頭前端以溝槽刨刀修飾成蛇首形狀。榫頭前端畫有記號指示兩側應呈現的斜角。

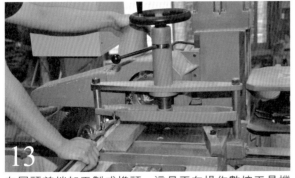

13

在冒頭前端加工製成榫頭。這是正在操作數控工具機（numeral control machine）的情況，這類加工也相當重視精準程度。

17

冒頭前端加工完成的蛇首榫，使冒頭插入邊梃後不會鬆脫。

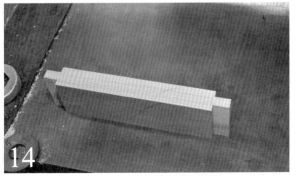

14

還未加工成蛇首榫之前的榫頭（試做範例）。

18

冒頭前端蛇首榫的榫肩部分以活動鋸臺銑削出溝槽。

19

圓鋸切過的溝槽底部，再以鑿刀將表面修整得平滑工整。

23

為了避免蛇首榫插入時有所損傷，以鑿刀進行倒角處理，將榫頭邊緣削成斜面。

20

為了配合邊梃上的斜面，冒頭部分也須做斜面處理。

24

在組裝外框之前，先將所有構件以水擦拭過一遍。

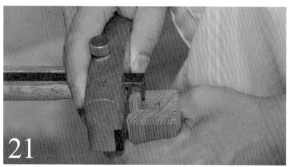

21

因為冒頭的蛇首榫會滑入邊梃內加以接合，所以邊梃的溝槽上也要標示加工用的記號。

25

等到水乾後，以仕上刨（仕上げ鉋）[2]刨削表面。

22

承接蛇首榫的溝槽使用蛇首狀鑽頭進行加工，利用角鑿機分成兩次加工銑削出溝槽。

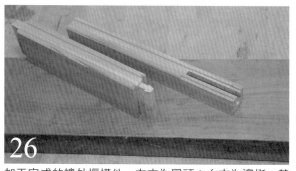

26

加工完成的襖外框構件。左方為冒頭；右方為邊梃，其右側為下方。

譯注
2 仕上刨：用於加工最後步驟，刨削木材使其表面光滑的刨刀。

兜巾接合 (兜巾組み)

　　兜巾接合常見於欄間[3]處，不只與三角尖端接合（劍先接ぎ）的外觀相當類似，也可視做是三角尖端接合的一種。正如上圖所示，它是以不截斷各別構件的方式進行加工，再將兩構件十字接合而成的美麗榫接工法。

1 須用實際的接合材料為對照，在欲加工部分畫記。由於加工時是以導突鋸（胴突き鋸）沿著劃線刀的畫記刻痕鋸入，所以劃線刀的刻痕要刻劃得較深。

2 構件A、B都由斜角接合部分的下方開始加工。首先加工構件A，以導突鋸鋸到所需的深度。

3 在構件A上由導突鋸鋸出的刻痕間，以鑿刀鑿除多餘的木料。

譯注
3 欄間：位於門窗上方的裝飾性開口，通常具有透光、通風、裝飾等功能。

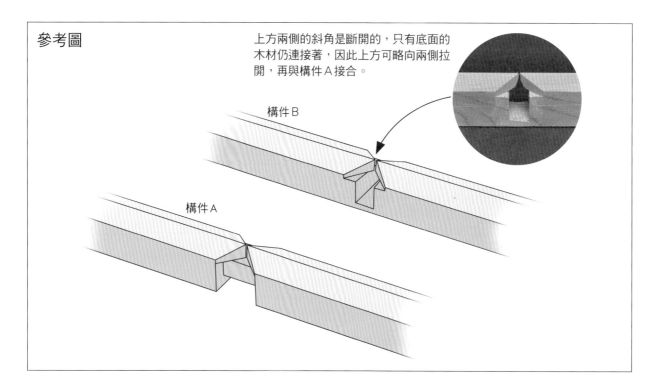

參考圖

上方兩側的斜角是斷開的，只有底面的木材仍連接著，因此上方可略向兩側拉開，再與構件A接合。

構件B

構件A

精準的手工作業

使用的材料為檜木，木材的各面都以刨刀刨削平整後才進行榫接加工。將欲接合的木材以直角重疊後，再將其寬度標記於木材上。為了讓鋸刀容易鋸入，以劃線刀（しらがき）切出「レ」形的缺口，再以刀面極薄的導突鋸（胴突き鋸）來削切，削切時需小心謹慎，須一邊鋸切、一邊時時確認劃線刀的畫記刻痕。

4

構件A下方削切完成的模樣。一開始以鋸子鋸出切痕後就只以鑿刀進行加工直到完成。

5

構件B會保留底面的木材，因此在標示完畫記後，一開始就以鑿刀鑿孔。

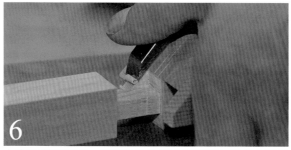

6

上方的斜角加工，須將斜角治具牢牢壓緊在構件上再以鑿刀進行削切。

之後的加工程序幾乎都以鑿刀進行，但讓人驚訝的是完工後的各面都相當平整，而且具有光澤。

完成構件A、B的鑿刀加工部分後，再進行構件表面的加工。如圖所示，將構件加工成從木材端口來看中央呈山形的模樣。最後再以平台刨（平台鉋）刨削木材表面，直到其具有反光般的光澤，便大功告成。這種山形表面稱做冠帽（兜巾）或冠帽面（兜巾面），據說命名的緣由是因為這種形狀類似於修驗者[4]的冠帽。

由於構件B上方兩側的斜角以鑿刀加工成互不相連的樣貌，只要下壓斜角就會分開，再將構件A嵌入此處接合。為了防止拉開時木材裂開，須事先將構件浸濕至木材變柔軟才進行組裝。

製作過程中完全不需試組裝，最後卻還是能完美接合、不需再加以修正。而且接合後的外觀相當美麗。本次示範的雖然是相當纖細的工法，卻在短短的時間內就完成了。

7 加工構件B上方的斜角。這是斜角的頂點，和對向斜角的頂點並不相連。

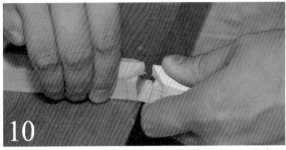

10 先將構件B浸濕以防止木材斷裂，再將它抵住作業臺的邊緣拉開。

8 接合的兩構件都加工完成。

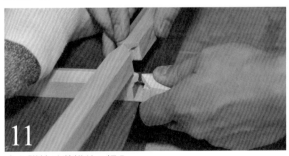

11 小心謹慎地將構件A插入。

9 刨削出表面如山形般的鈍角斜面，稱做冠帽面（兜巾面）。

12 即使沒有預先嘗試組裝，也完美接合成功的兜巾接合（兜巾組み）。

譯注
4　修驗者：指修驗道的實踐者。修驗道為日本既有在山林裡進行嚴格的修行以求悟道的山岳信仰，是受外傳佛教影響成立的宗教。

家具職人的手工絕活

轉角多榫接合 （あられ組み接ぎ）

　　轉角多榫接合（あられ組み接ぎ）用於製作箱盒等器物，是以許多方榫進行轉角接合（組接ぎ），日文名稱中以「あられ」（霰）來形容眾多榫頭細緻接合的模樣。

　　製作箱盒、家具等器物時，經常運用方榫轉角接合（ほぞ組み）這類複雜的榫接方式，盡可能地增加構件之間的接合面積，以強化榫接的接合強度。

　　轉角多榫接合（あられ組み接ぎ）也可只稱為霰接合（あられ組み）。因為外觀上可以看到木材斷面，所以組合完成後外觀會呈現出幾何圖樣。本文的範例作品，正面上端使用斜角接合（留接ぎ），整體榫接形式為「前端斜角轉角多榫接合」（前留めあられ組み接ぎ）。

　　此外，抽屜部分的背板及側板則採用「木釘嵌槽接合」（包み打ち付け接ぎ）。

技術指導

堀工藝（HORI Craft）堀 昇
東京都日の出町大久野 3132

　　主要生產各式手工製作的客製化家具，如桌、椅、邊櫃，以及在壁面等處的吊掛式小型器物等。堀昇曾身為活躍於第一線的頂尖平面設計師，也因此他的工作態度一絲不苟，作品的細節都處理地相當仔細。現在他除了本身的木工工作，也一邊開設木工教室。

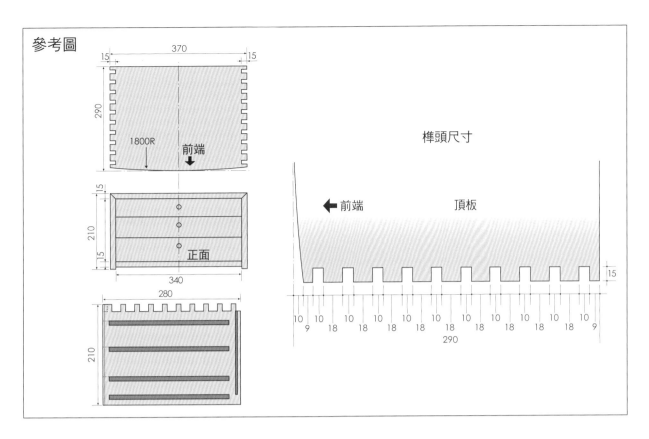

參考圖

15 ┤ 370 ┤ 15

290

1800R
前端

290

15
210
15

正面

340

280

210

榫頭尺寸

前端   頂板

15

10 10 10 10 10 10 10 10 10 10 10
9   18 18 18 18 18 18 18 18 18 9
290

階梯狀收納櫃　材質：象蠟樹

小椅子（左）材質：黑胡桃木
兒童椅（右）材質：橡木

和室椅　材質：黑胡桃木、梣樹

邊桌　材質：胡桃木

講究正面美觀而採斜角接合

　　抽屜櫃的板材為厚15公釐的椇木板，尺寸為高210公釐、寬370公釐、深290公釐，抽屜櫃正面的面板則做成中央向前凸出的曲形。

　　在強調作品曲線的情況下，也仍會先以直線與直角為基準，再標示畫記、進行加工。抽屜櫃正面並非做成半徑較小的曲形，而是選擇較和緩的曲線形狀。

　　標示榫頭的墨線時會使用較小的直角尺（スコヤ），以便後續在直角處可進行加工。雖然也有可以使用雕刻機（router）、修邊機（trimmer）等機具來加工榫頭的模具（template），不過因為它們的尺寸大多固定不變，儘管在量產同樣物件時相當便利，但是一想到手工作業的技術是一種個人資產，就覺得特意挑戰嘗試以手工具來製作

也很有意思。本範例作品的製作者雖然已經是木工專家，但為了推廣優良的手工技藝，因此製作過程中全都以手工方式進行。

本文範例作品為椇木材質的三格抽屜櫃。在抽屜側板內加上了橫桿（棧），製作成滑軌式的抽屜，其背板與側板採用木釘嵌榫接合（包み打ち付け接ぎ）。抽屜櫃外觀的木紋相互連接，看起來相當美麗。正面上方的轉角處則採用轉角多榫接合（あられ組み接ぎ），這種榫接用於家具、手工藝品等，是外露榫接的種類中相當具代表性的形式。

1 以曲線尺標示出頂板整體形狀的墨線。重點在於選擇高雅的曲線。

2 使用直角尺（スコヤ）標示垂直部分的墨線，劃線刀刻劃的畫記要清楚明顯，加工時採取去除墨線（墨払い）的方式。

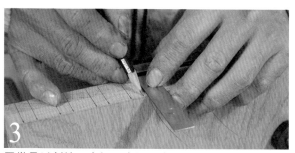

3 平常是以劃線刀來標示畫記，本範例為了能以圖片清楚呈現而使用鉛筆畫記。

4 加工榫頭時，先以鋸子切割，並盡可能減少之後鑿刀的切鑿量。

鑿刀幾乎都是使用名為「追入鑿」
的刀具，除了採用一般以鐵鎚敲打的方式
之外，也會當成修鑿（突き鑿）來使用，
在重視外表美觀的狀態下進行加工。鑿刀
一旦變鈍就要馬上磨利，在最後的修整階
段，也要重新研磨後才使用。

加工頂板的榫頭。此處榫頭寬18公釐、榫肩寬10公釐。

加工側板的榫頭。以榫肩寬18公釐為基準，從板材正反
兩面下鑿刀。

榫肩處不可殘留任何多餘的木料。

為了防止過度削切，在榫肩上方放置好尺規，用劃線刀
畫記做確認。

以直角尺檢查榫接處。為了精準接合完成，接合處不可
出現空隙，加工時需多加留意。

為了將正面上方處加工成斜角，使用鋸子以45度角切割。
只要用萬力虎鉗固定住木材就可以穩定地進行加工。

製作時要留下最接近正面的前端榫頭，先進行其他榫頭的加工。斜角的加工如圖10（參照第169頁）所示，先用鋸子切割，使木料呈斜角後再以鑿刀削切，要削切到接合時不會出現縫隙的程度。如圖12所示，以鑿刀削切斜角時會使用治具，如果不使用斜角治具就無法加工出正確的角度。本範例所用的斜角治具是由職人親手製作。

以優雅的曲線裝飾

轉角多榫接合的美麗外觀，若再加上正面的優雅曲線，就能製成精美小巧的抽屜櫃。頂板前端先以鋸子大略裁切，再用刨刀依畫記削切，並在正面的內側加工出角度，最後以砂紙研磨表面。

在內側進行角度加工時，頂板與側板的角度必須相合。為了使砂紙可以同樣角

11 用鋸子切割出的斜角。之後必須再用鑿刀修整。

14 目的是頂板與側板在組合時不必敲打即可壓入接合。反覆調整到接合處沒有縫隙的程度。

12 將斜角治具放在木材上方，將鑿刀沿著治具滑動以削切出正確的角度。

15 調整完成後，頂板與兩側的側板能完美契合。

13 在嘗試組裝的狀態下，一邊確認削切及契合程度，再用鑿刀稍微修整。

16 以鋸子先沿著曲形墨線大略切割。

度研磨表面，會使用如圖18中的治具。削切的程度要在嘗試組裝的狀態下，一邊確認、一邊進行加工。

接下來，在側板的內側鑿削出可插入底板的溝槽。溝槽若是以雕刻機、修邊機來加工的話相當方便。像這種外觀上看不見的地方，可使用效率極佳的電動機具。之後再用鑿刀修整溝槽的端部形狀，使底板能夠確實插入（圖20）。

本範例的抽屜櫃內設有滑軌式的抽屜，因此要在側板內側加工製成可插入抽屜橫桿的溝槽，使抽屜橫桿能插入櫃內。橫桿的厚度只要有些許的誤差就會影響抽屜收合的順暢度，因此有時就算放入抽屜後也必須再加以調整。

外側以黏著劑接合櫃體，並以夾具夾牢固定、等櫃體乾燥。

17 以刨刀修整出美麗的曲線。

20 加工製成可插入底板的溝槽。

18 這是可削出一定角度的治具，在內側貼附著砂紙。

21 配合側板上的溝槽，加工製成底板的榫頭。

19 仍要嘗試組裝以確認角度是否契合。

22 抽屜為滑軌式，因此須在側板內側鑿削出可插入抽屜橫桿的溝槽。

以木釘嵌槽接合製作抽屜

抽屜前板與側板採用木釘嵌槽接合（包み打つ付け接ぎ）。抽屜前板也做成和櫃體頂板相同的曲線。在膠合抽屜之前，先嘗試組裝以確認抽屜能否順利拉出、收入櫃體。先做這項確認相當重要，因為只要出現絲毫誤差，之後都難以再進行調整。抽屜組合的順序，是先將背板和側板膠合，再插入底板，最後和前板膠合。

在抽屜前板上的把手位置標示墨記。

將抽屜橫桿放入側板內側的滑軌溝槽以調整橫桿尺寸。橫桿厚度只要有些許誤差就會影響抽屜收合的順暢度。

在抽屜前板的端口標示曲面加工與接合側板用的墨線。

確實地組裝，確認接合處沒有縫隙。

進行抽屜前板的曲面加工時，先用刨刀以垂直木材紋路的方式進行刨削。

使用黏著劑組裝，並以夾具固定。

只要有曲面用的尺規，就能輕鬆加工出同樣的曲面。

30

用抽屜側板夾住前板，再插入櫃體內，以確認抽屜可否
順利放入。

31

抽屜的背板以橫槽露面榫接合（片胴付追入接ぎ），並
使用黏著劑固定。

32

可用各種夾具來固定。先將側板和背板膠合。

34

竹釘釘頭以柚木圓棒遮蓋起來，圓棒同時也有畫龍點睛
的裝飾效果。

35

插入抽屜橫桿，再放入抽屜檢查收合的順暢度。

製作完成的三格抽屜櫃。
是示範外露榫接的良好教材。

33

抽屜背板會插入竹釘加以固定。

4-4 職人手工具介紹

標示墨線的木工工具

　　木材加工前須先標示墨線，這項工序在木工作業中大多稱做墨掛（墨掛け）。標示墨線的重要工具有墨斗（墨壺）、竹筆（墨さし）、角尺（曲尺）等，在木作裝修及建築作業中的墨斗及竹筆使用紅（朱）墨，稱做朱壺（朱壺）、朱筆（朱さし）。在器具、家具類的木工作業中，標示畫記則稱做墨付（墨付け），主要道具是劃線刀（しらがき、しらびき），並多搭配尺規使用。

墨斗各部位名稱

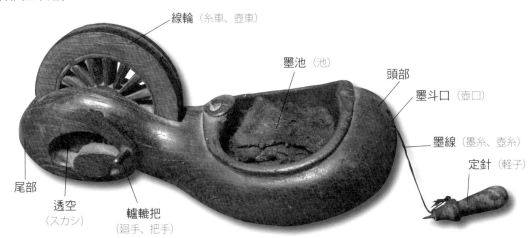

線輪（糸車、壺車）

墨池（池）

頭部

墨斗口（壺口）

墨線（墨糸、壺糸）

定針（軽子）

尾部

透空（スカシ）

轆轤把（廻手、把手）

墨斗、竹筆

當需要標示較長的直線時，墨斗（墨壺）是相當方便的工具。現在常用的日式墨斗有墨池部分既圓又大的關東型（又稱源氏型），以及整體樣式呈方形的關西型。就材料而言，最常見的是欅木材質的墨斗，也有桑樹、槐樹等材質的，最近就連塑膠製墨斗也都可以在市面上找到。

墨斗在結構上並無既定的規格，原本就是由木工依各自的喜好雕刻製作，彷彿能從極富性格的墨斗樣貌感受到其主人所散發出來的職人氣魄。

墨斗的組成部位，有「主體」、「定針」（輕子）、在構件上標示墨線用的「墨線」（墨糸）、在主體上捲收墨線用的「線輪」（糸車）、轉繞線輪用的「轤轆把」（廻手），以及以墨汁浸濕的「墨綿」（壺綿）、收納墨綿的「墨池」等。

墨線由於須重覆使用，必須相當堅固耐用。並且，為了能畫出筆直的線條，選擇不易岔開、毛躁的線材也相當重要。一般墨線的長度約7.2公尺（一掛け），但如果是用在神社佛閣等大尺度的建築就需要使用大型墨斗，其線輪收納了約14.5公尺（二掛け）長的墨線。

墨池裡的墨棉通常會使用保水性佳的絲綿，墨汁則由含有膠成分的墨條磨成，如此一來所標示的墨線就算淋到雨水也不易暈開。

左手拿墨斗主體，右手抓住定針並釘入木材一端的表面做固定（先將墨線在定針的針上纏繞1～2圈，就能將墨線固定在正確的位置）。

接著，用握在右手的竹筆輕壓墨綿，使拉出的墨線都能沾滿墨汁。

將墨線拉到足夠的長度後，以左手大拇指固定線輪，以免拉出多餘的墨線，再拉緊墨線。以左手食指將墨線按壓在定好的位置上，以右手大拇指、食指或中指捻起墨線再放手使線彈下。這時，身體的中心要置於欲標示墨線的延長線上。

標示得相當筆直的墨線。以此線為基準，再畫上其他各種墨線。

竹筆（墨さし）的材料是剛竹，由職人親手削製而成，筆尾用來書寫及畫記。以中型竹筆為例，將竹筆尾端長約二寸的部分削成棒狀，再以鐵鎚輕輕敲打破壞纖維使其變圓，經過這道工夫，筆尾就能像畫筆、鋼筆一樣，將墨汁儲藏在纖維裡。

此外，為了用竹筆來畫線，會將筆尖（穗先）先如劃線刀般削切成16.7度角（三寸）的三角形狀，再削成如小刀刀刃般的平板狀。另外為了使墨筆吸滿墨汁以能畫線，還要在寬四分（約12公釐）的筆尖割出約1～2公分長的割線。若是技術純熟的職人，可以切割出四十條以上的細微割線。

當筆尖因使用而磨損變鈍時，重新削尖就可以繼續使用。

竹筆尺寸可分為大型、中型、小型。小型長約五寸（15公分）、寬三分五厘（10公釐）；中型長約七寸五分（22.5公分）、寬四分（12公釐）；大型竹筆則長約一尺（30公分）、寬五分（15公釐）。用來標示神社佛閣等處所使用的大型材料時，竹筆跟墨斗同樣都必須選用大型。

角尺和量測工具

接下來要介紹最重要的一項工具——角尺（曲尺），是職人經年累月從事木工作業所使用的工具，在齒面上可以看出工作痕跡。今日所見的角尺材質一般多是不鏽鋼或鋼材，過去也有木製角尺，在鋼材出現之前也有鐵製及黃銅製的角尺。

角尺為L形，尺的兩臂長短不一。長臂日文中稱做「長手」、「長技」、「長腕」；短臂日文中稱做「短手（妻手）」、「短腕」、「橫手」、「短枝」。長臂的全長是一尺六寸五分（約49公分）左右；短臂則是八寸（約24公分）左右。一般常用的角尺尺寸，兩臂都會比尺面上的刻度再多出五分（約1.5公分）左右。

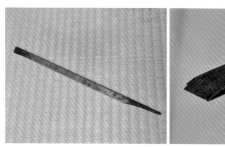

圖中所示的竹筆長九寸（約27公分）、寬四分（約12公釐）。

將竹筆抵住角尺使用，竹筆筆尖的斜面須與木材垂直。

使用氧化鐵紅的墨斗（朱壺）。朱壺（朱壺）、朱筆（朱さし）無論在結構、材質上都與墨斗、竹筆相同。不過，朱壺是用在完成修整加工的裝飾構件上，為了使構件不致遭到墨汁汙損，所以才使用可用抹布擦拭去除的氧化鐵紅。此外，朱壺、朱筆的尺寸要比墨斗、竹筆略小一些。

至於角尺的寬度，則規定無論長、短臂都是五分（約1.5公分），採用這個寬度的原因是木工作業的加工尺寸經常是五分或其倍數。不過這也讓人不禁思考，加工尺寸為五分或其倍數、和角尺的寬度為五分這兩件事，應是互相影響後所導致的結果。角尺的斷面如下圖所示，尺的兩端與中央的厚度都較薄。兩端較薄是為了在使用竹筆畫線時，不讓墨汁滲入尺與材料之間。中央部分較薄則是因為常需要彎曲角尺，有時也會彎曲長側部分來使用，或是在標示曲線時將角尺當成曲線尺使用。

但是，在長臂與短臂的連接處，反倒不會削薄、而使其厚度一致。這是因為考量到連接的強度，而且也為了防止兩臂間的直角產生位移。當角尺的直角未呈九十度時，就要以鐵鎚分別由內側及外側錘敲來修正位移。卷曲尺的外型及各部位名稱和角尺幾乎相同，最常見的尺寸是尺面刻

度為短臂五寸（約15公分）、長臂一尺（約30公分）的卷曲尺。卷曲尺是用來正確畫出構件直角的工具，因此將尺身做得較厚。

此外，一般會以劃線刀配合卷曲尺標示畫記，搭配竹筆使用則相當罕見。使用劃線刀的話，就不必顧慮墨汁會滲入木材表面，所以也就不必將卷曲尺做成翹起的結構。標示畫記的工具包括角尺、卷曲尺、直尺（直定規）、線捲尺（白糸）、45度角尺（留型定規）、箱型定規[1]等；也有些用於建築結構材或構件組裝時的工具，如水準器（水平器）、大型木製三角尺（大矩）、篙尺（尺杖）、垂球（下げ振り）等。除此之外，還有下端定規，是用來調整刨刀底面的測量工具。45度角尺、箱型定規的材質，大多為櫻木、青剛櫟、紫檀木、柚木等。

角尺以不鏽鋼製居多，種類也相當豐富。在精準度上，現代的角尺較優良。

角尺的斷面

從斷面來看可見到角尺的兩端與中央做得較薄，這是為了不讓墨汁滲入。

45度角尺（留型定規）是製作門窗、器物、家具的職人們不可或缺的工具，經常會依不同用途自行製作。

上圖為下端定規，是使用刨刀的職人必備的工具。基本上須使用不易變形的材質製作。

譯注
1 箱型定規：組成兩片木板呈直角的尺規。

劃線刀、直角尺、劃線器

　　製作器物、家具時，通常會運用劃線
刀（しらがき）、劃線器（罫引）來畫記。

　　劃線刀的外觀乍看之下就像把小刀。
用劃線刀來畫記的使用原則是，在欲鑿切
的材料上要加工的那一側，將刀刃朝內割
劃。握住劃線刀的手須垂直，不可偏左或
偏右。

　　劃線刀的握法如握鉛筆般，使用時須
抵著尺規，因此為了減少刀刃對尺規的損
傷，在畫記時會將劃線刀略為後傾朝向自
己。也有人為了避免劃線刀損及尺規，會
特意只留下刀刃尖端部分，其餘則以磨刀
石弄鈍。

　　以劃線刀標示的畫記，因為是緊抵著
尺規刻劃出的纖細刀痕，所以極少因為線
寬而出現加工的誤差。

　　標示要鑿切部分的「加工墨線」時，
如果能確實壓緊劃線刀、刻劃出深刻的線
條，刻痕就會在使用鑿刀時卡住刀刃，使
鑿刀切入正確的位置。只要在木材表面輕
輕滑動鑿刀，刀刃就會停在刻痕處，因此
不會在下刀時出現誤差。

　　因為劃線刀的刻痕會殘留在木材上，
為了避免畫記失敗，最好在產品的背面、
不顯眼處標示畫記。

　　在木材上標示垂直於基準面的線條
時，直角尺（スコヤ）是不可或缺的工具。
由職人選擇狀態不易受濕度影響的材質親
手製作。木製直角尺較不易損傷作品，但
在木材加工前的準備階段也經常使用金屬
製的直角尺。

以劃線器標示畫記。當有許多同樣的構件須加工時，有
了可重覆標示相同線條的劃線器，作業起來就極為便利。

以劃線刀標示畫記。不將劃線刀的刀刃完全抵住木材，
但仍須注意不讓刀刃高於直角尺的斷面。

前端呈三角形的雙刃劃線刀不論慣用手是哪一手都可使
用，是相當便利的工具。

圖中的工具是雙劃線刀（二丁しらがき）。能讓兩支劃
線刀保持一定間隔標示畫記，並可隨工作需求，透過夾
於兩者間的木片調整劃線刀的間隔。

只要事先依照製作的產品，先準備好由小到大各種尺寸的直角尺，就能順利進行加工作業，也能減少製作者的壓力。以鑿刀加工榫孔時，使用直角尺來確認榫孔是否垂直也相當便利。

製作器物、家具時，經常利用劃線器（罫引）來標示畫記。為了畫出正確的畫記，劃線器可說是必備的工具之一。因為劃線器的尺規板和其竿身前端刀刃的間距可事先用螺絲固定好所需的尺寸，所以能夠正確地標示出和基準面保有一定寬度的線條。

劃線器竿身前端的刀刃有時會受木紋影響而無法標示出正確的線條，但只要先輕輕劃過，再確實壓緊來劃線的話就能順利標示線條。以木材端面為基礎來畫記時，雖然不會受到材料的影響而畫偏，但仍必須使基準面先呈一直線。

劃線器的間距一旦固定後，就盡量不要變動它，這樣在繼續標示同樣尺寸的線條時，就能有效率且正確地標示。

預先準備多個劃線器，就能個別將它們的間距固定成所需的尺寸。如此一來，即使是複雜的標示畫記，都能極具效率地進行作業。

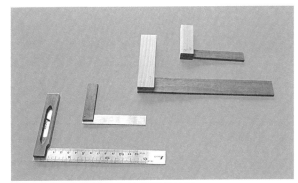

金屬製的直角尺與手作的木製直角尺。

將直角尺的短臂抵住木材做為基準。

直角尺是確認角度是否垂直的必備工具。

自由角規（自由矩）是在以非直角的角度來標示畫記時相當便利的工具。使用方法是以先自由角規測量材料實際的角度，固定好後再將該角度標示於其他材料上。標示斜榫的畫記時相當便利。

匠師技藝活躍的小鎮——
飛驒古川町

　　在日本的飛驒市古川町，小鎮全體居民一同守護著傳統木造建築及榫接技術，並活用這些技術做為小鎮的觀光資源。當地不只保存了過去的傳統街道景觀，也為了延續傳統，直到今日仍持續活用傳統技術來建築及造街。漫步在谷川町的街上，就能找到這些傳統匠師技藝在這小鎮裡留下的蹤跡。

飛驒匠人文化館

　　日本岐阜縣飛驒市古川町仍然流傳著自古傳承下來的木造建築技術，並且在當地隨處可見活用這些匠師技藝的建築及景觀。昭和61年（1986年），財團法人觀光資源保護團體（日本國民信託，Japan National Trust）進行「活用歷史街道景觀造街」的調查。同年，做為以街道景觀保存為目的的城鎮景觀營造、觀光振興等活動的其中一項目，成立了「飛驒匠人文化館」（飛驒の匠文化館）。

古川町

岐阜縣

　　以當地的木材建成的飛驒匠人文化館，是由在地的大工親手運用傳統榫接工法建造而成，並不使用鐵釘或螺絲。館內介紹了當地的街道景觀、民家。並展示著木工工具、木材資料、以及榫接工法和木結構的模型等。也設有製作千鳥格子[1]等的體驗教室。

飛驒匠人文化館（飛驒の匠文化館）　飛驒市古川町壱之町10—1　電話：+81 577-73-3321

譯注
1　千鳥格子：有如編織網狀的木格柵工法。

位於二樓的和室房間。特意使天花板的原木橫樑外露做為展示。這房間在非參觀時間時也是當地居民的聚會場所。

古川大工的紋章「雲」

　　飛驒市古川町是天正年間（1573～1592年）由金森氏[2]以增島城為中心所建造的城鎮。增島城是飛驒地方相當少見、建於平地的城堡（平城），已在1695年被拆除，目前僅留下核心部分的瞭望防禦塔（本丸矢倉跡）處的局部石牆與護城河。不過，時至今日仍留下不少當時所建築的城鎮模樣，譬如川流於武家屋敷[3]和町人町[4]之間的瀨戶川、以及沿著瀨戶川建造的倉庫（蔵）等，都是令觀光客大飽眼福的景觀。

　　飛驒最知名的就是擁有許多技術高超、被稱呼為「飛驒匠人」的木工匠師。傳統的木工技術傳承至今，並運用來營造古川町的街道景觀。

譯注
2　金森長近（1524～1608年）：日本戰國至江戶時代的武將。
3　武家屋敷：武士所居住的宅邸。
4　町人町：商、工階層所居住的區域。

由二樓和室房間的窗口眺望瀨戶川和擁有白色牆的灰泥土壁倉庫（土蔵）。

其中一項匠師技藝稱做「雲形栱」（雲形肘木），也就是將支撐屋頂及柱體的橫栱雕刻成雲的形狀。雲形栱一般使用在寺社佛閣等建築，例如在著名法隆寺的五重塔及金堂等處就設置有雲形栱。在古川町則將雲形栱單稱為「雲」，種類據說多達一百七十或二百種，即使是一般住宅也常可見到這種構件。

「雲」是大工在建築家屋時留下的標誌，將雲形栱使用於住宅上可說是古川大工獨具的特色，也因此雲形栱這種裝飾構件與古川街道景觀的關係密不可分。

除此之外，古川町的魅力不只在於保存完整的古老街景，同時還有許多新建住宅也都是運用傳統木造技術建造而成，持續改進並保護傳統技術，以確保能持續傳承下去，這點也深具魅力。或許這也是無法明確說明現有的「雲」種類數量有多少的理由。

館內展示的各式榫接，包含斜面端搭接合（追掛繼）、蛇首榫小型半搭接合（腰掛鎌繼）、露面榫帶插拴接合（尻挾繼）、金輪繼等，都可親手觸摸觀察。

飛驒地區的土藏式住宅的模型，就連每一根柱子都製作得十分精巧。

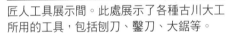

匠人工具展示間。此處展示了各種古川大工所用的工具，包括刨刀、鑿刀、大鋸等。

小鎮的象徵「飛驒匠人文化館」

　　想要了解古川匠師的技術與歷史，首先要前往的地方是「飛驒匠人文化館」。遊客可以透過這棟文化館認識小鎮的特殊之處，讓即使是沒有木工或建築知識的人也能在參觀之後，得以享受在鎮上漫步的樂趣。

　　匠人文化館的建築由古川當地的大工以飛驒在地的木材建造而成，其特色是運用各式榫接工法，並未使用鐵釘或螺絲。館內由「匠人功績與足跡」、「匠人工具」、「匠人技術」、「體驗與遊戲」等各區域組成，放置了各式各樣的榫接與木結構模型，參觀者可親手嘗試組裝或拆解。另外也展示著飛驒地區的灰泥土壁倉庫式（土藏）建築的模型、當地大工們曾經使用的工具等，有許多即使是初次接觸的人也會感到興趣盎然的展示品。

在「體驗與遊戲」區中，遊客可以親手嘗試組裝如「千鳥格子」等各式榫接。

這是實際使用在展示間裡的榫接「台持繼」。

左圖為飛驒匠人文化館中所展示的「雲」圖騰柱。

上圖是帶領我們參觀的森下先生，他同時也是鎮上的導覽義工，是位通曉古川歷史與觀光景點的可靠夥伴。

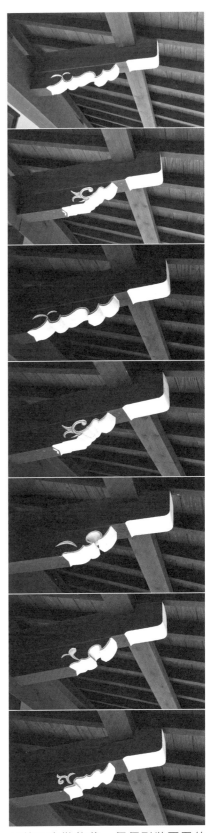

屋簷下方裝飾著一個個形狀不同的「雲」（另參見左頁）。

　　在館中先預習相關知識，然後再到小鎮漫步，或許就能以不同於日常的觀點來欣賞古川的街道景觀、寺廟等等。

　　而且，館內售有導覽手冊《飛驒古川尋蹤（town trail）1、2》，不僅對遊客漫步鎮上、尋找觀光景點時相當方便，對木工及建築感興趣的人來說內容更是深具吸引力。書內登載了「雲」的導覽地圖，可邊走邊找尋實際運用在古川町中各處建築的榫接。除了書中介紹的地方之外，還可發現形形色色的各種榫接形式，遊客若是能在漫步時稍加留心的話，或許就能在不經意的情況下看見。

　　之所以能運用小鎮中傳承不息的匠師技藝做為觀光資源，正是因為居住在當地的人們了解到自身文化的重要性，而自然能與這些傳統文化共榮共存的緣故吧！

誓願寺境內的太子堂，門扉使用「千鳥格子」榫接。

「根繼」是將柱體下方因受潮等原因而腐朽的部位以新材替換的工法。誓願寺的大門運用了金輪繼接合。

即使是一般住宅裡也隱藏了各式各樣的榫接。凸窗臺因為相當顯眼，採用了較簡潔的接合方式，但由下往上看其邊角，就可看見轉角斜接暗榫（隅留隱ほぞ）。

這裡的凸窗臺使用了帶栓方榫接合（ほぞ差込栓）。這種榫接是使用木栓來固定柱中的方榫。由於這是古川町家建築中常見的榫接工法，因此在町內其他地方應該也能找得到。

圓光寺階梯的第一層踢段部分（上がり框），使用了斜切暗榫（箱留）接合；側面可見到方榫楔片（ほぞ指割楔）。

圓光寺大門處也施作了「根繼」工法，此處是以露面榫帶插拴接合（尻挾継）接合。

詞彙翻譯對照表

中文	日文漢字	日文假名	頁碼
L 形企口榫	矩折目違	かねおりめちがい	36, 49, 58
L 形木塊接合	こま止め接ぎ	こまとめつぎ	136
T 形三缺榫接合	T形三枚接ぎ	Tがたさんまんつぎ	124
T 形半搭接合	T形相欠き接ぎ	Tがたあいかきつぎ	122, 123, 124
二劃			
十字半搭接合	十字相欠き接ぎ	じゅうじあいかきつぎ	122
十字企口榫對接	十字目違継ぎ	じゅうじめちがいつぎ	75,76
三劃			
三向斜角接合	三方留接ぎ	さんぽうとめつぎ	133
三角尖端接合	剣先（剣先接ぎ）	けんさき（けんさきつぎ）	103, 130, 163
三角尖端中間支腳接合	剣留ほぞ接ぎ	けんどめほぞつぎ	103, 130
三角形尖端面	鎬面	しのぎめん	147
三角榫接合	天秤ざし接ぎ	てんびんざしつぎ	114
三肩平榫接合	三方胴付き平ほぞ接ぎ	さんぽうどうつきひらほぞつぎ	127
三缺榫	三枚組	さんまいぐみ	34, 38, 39, 47, 124, 125, 126
三缺榫轉角接合	三枚組接ぎ	さんまいぐみつぎ	113
女木	女木	めぎ	76, 113, 121, 124, 143, 150, 153, 154, 155
小型半搭接合	腰掛	こしかけ	32, 48, 63
不貫穿鳩尾穿帶	止め蟻形吸い付き桟	とめありがたすいつきせん	120
不貫穿斜切三缺榫接合	留形隠し三枚接ぎ	とめがたかくしさんまんつぎ	125
不貫穿鳩尾斜切三缺榫接合	留形隠し蟻三枚接ぎ	とめがたかくしありさんまんつぎ	126
不貫穿鳩尾榫半搭接合	包み蟻形相欠き接ぎ	つつみありがたあいかきつぎ	123
不貫穿轉角三缺榫接合	包み三枚接ぎ	つつみさんまいつぎ	124
不貫穿雙榫轉角接合	包み二枚ほぞ組み	つつみにまいほぞぐみ	88,91
不對稱三向斜角接合	流れ三方留接ぎ	ながれさんぽうどめつぎ	133
四劃			
切槽接合	欠込	かきこみ	31
勾齒搭接	渡りあご	わたりあご	24, 32, 47, 50, 57
反鳩尾榫	逆蟻	きゃくあり	12, 24
方栓斜角接合	雇い核留接ぎ	やといざねどめつぎ	107, 117, 131
方栓邊接	雇い核矧ぎ	やといざねはぎ	106, 109
方榫	枘（ほぞ）	ほぞ	23, 24, 30, 33, 34, 36, 37, 39, 40, 42, 50, 55, 59, 65, 66, 67
方榫接合	ほぞ接ぎ	ほぞつぎ	105, 126, 127
方榫轉角接合	ほぞ組み	ほぞくみ	166
木釘嵌槽接合	包み打ち付け継ぎ	つつみうちつけつぎ	111, 116, 166, 172
木釘邊接	だぼ矧ぎ	だぼはぎ	110
止單添榫接合	小根付きほぞ接ぎ（腰付きほぞ）	こねつきほぞつぎ（こしつきほぞ）	128
止横槽接合	肩付き追入接ぎ	かたつきおいいれつぎ	112
止横槽露面榫頭接合	肩付き片胴付き追入接ぎ	かたつきかたどうづきおいいれつぎ	112

五劃			
半斜角接合	半留接ぎ	はんどめつぎ	131
半搭接合	相欠	あいがき	27, 32, 33, 44, 45, 46, 50, 51, 52, 61, 64, 122, 123
半槽轉角方榫接合	違い胴付きほぞ接ぎ	ちがいどうつきほぞつぎ	127
半槽邊接	相欠き矧ぎ	あいがきはぎ	109
半隱鳩尾三缺榫接合	包み蟻形三枚接ぎ	つつみありがたさんまいつぎ	125
半隱鳩尾榫轉角接合	包み蟻組接ぎ	つつみありぐみつぎ	115
台持繼	台持継	だいもちつぎ	183
四方指	四方指	しほうざし	66
四肩方榫接合	四方胴付きほぞ接ぎ	しほうどうつきほぞつぎ	127
布繼	布継	ぬのつぎ	48, 53, 54, 55
平接	突付	つきつけ	30, 36, 44, 52, 57, 58, 60, 61, 62, 63
平斜角接合	平留接ぎ	ひらとめつぎ	115, 126, 131, 132, 133
平邊接	すりあわせ矧ぎ	すりあわせはぎ	109
六劃			
兩目違片車知鎌	兩目違片車知鎌	りょうめちがいかたしゃちかま	26
企口榫接合	目違継	めちがいつぎ	34, 36, 40, 42, 48, 49, 52, 53, 54, 55, 56, 58, 59, 60, 61, 62, 64, 66, 76, 160, 161
全隱鳩尾三缺榫接合	隱し蟻形三枚接ぎ	かくしありがたさんまいつぎ	125
多鳩尾鍵片穿帶接合	連れ雇い蟻形吸い付き桟接ぎ	つれやといありがたすいつきざんつぎ	121
舌槽斜角端邊接合	本核留端嵌め接ぎ	ほんざねとめはしばめつぎ	119, 135
舌槽端邊接合	本核端嵌め接ぎ	ほんざねはしばめつぎ	118
舌槽邊接	本核矧ぎ	ほんざねはぎ	110
七劃			
男木	男木	おぎ	76, 113, 124, 143, 150, 151, 153, 154, 155
芒繼	芒継ぎ	のげつぎ	18, 56
八劃			
兩側斜角轉角接合	兩端留組接ぎ	りょうたんとめぐみつぎ	114
兩側變形方榫斜角接合	二方留変形ほぞ接ぎ	にほうどめへんけいほぞつぎ	102
金輪繼	金輪継	かなわつぎ	49, 55, 68, 75, 76, 78, 79, 80, 182, 186
九劃			
持出繼	持出継	もちだしつぎ	26, 32, 48, 53, 54, 56, 57, 58, 60
指接榫	フィンガージョイント		135
指接榫邊接	相互矧ぎ	そうごはぎ	110
十劃			
帶角度接合	仕口	しぐち	24, 26, 33, 39, 43, 47, 51, 62, 63
埋栓	埋栓	うめせん	37, 49, 50, 51, 55, 58, 60
根繼	根継	ねつぎ	55, 68, 71, 75, 76, 79, 186
真繼	真継ぎ	しんつぎ	26, 48, 54, 56, 57
帶楔片方榫接合	割り楔ほぞ接ぎ	わりくさびほぞつぎ	129
帶楔斜面端搭接合	追掛大栓継	おっかけだいせんつぎ	54
十一劃			
兜巾接合	兜巾組み	ときんぐみ	89, 91, 163

斜切全隱鳩尾榫轉角接合	留形隱し蟻組接ぎ	かくしありぐみつぎ	107, 115
斜切暗榫	留形箱止め接ぎ（箱留）	とめがたはことめつぎ（はこどめ）	126, 187
斜切貫穿方榫接合	留形通しほぞ接ぎ（留通しほぞ接ぎ）	とめがたとおしほぞつぎ（とめとおしほぞつぎ）	87, 91, 126,129
斜角接合	留（留接ぎ）	とめ（とめつぎ）	27, 30, 33, 38, 39, 40, 41, 42, 43, 44, 45, 47, 62, 102, 106, 107, 113, 117, 129, 131, 132, 133, 161, 163, 166, 168, 187
斜角端邊接合	留端嵌め接ぎ	とめはしばめつぎ	119, 135
斜肩十字半搭接合	腰付き十字相欠き接ぎ	こしつきじゅうじあいかきつぎ	123
斜肩方榫接合	面腰ほぞ接ぎ	めんごしほぞつぎ	130
斜肩斜榫接合	面腰斜め胴付きほぞ接ぎ	めんごしななめどうづきほぞつぎ	130
斜肩雙排雙榫轉角接合	二重二枚ほぞ（腰型）組み	にじゅにまいほぞ（こしがた）くみ	85, 90
斜肩雙榫轉角接合	二枚ほぞ（腰型）組み	にまいほぞ（こしがた）くみ	84, 90
斜面端搭接合	追掛継	おっかけつぎ	48, 54, 55, 56, 58, 60, 63, 182
斜接	殺ぎ	そぎ	27, 30, 36, 54, 56, 57, 58, 60, 61, 62
斜搭接合	ねじ組（捻組）	ねじぐみ	46
斜榫接合	傾斜ほぞ接ぎ	けいしゃほぞつぎ	128
添榫雙榫接合	小根付き二枚ほぞ接ぎ	こねつきにまいほぞ	104, 105
蛇首榫接合	鎌（鎌継）	かま（かまつぎ）	20, 24, 26, 27, 32, 33, 35, 47, 48, 49, 50, 53, 55, 56, 59, 60, 63, 64, 83, 90, 157, 158, 159, 160, 161, 162, 182
蛇首榫小型半搭接合	腰掛鎌継	こしかけかまつぎ	48, 182
蛇首榫轉角接合	鎌ほぞ組み	かまほぞくみ	83, 90, 157, 159
貫穿榫	貫通し	とおし	33, 37, 50, 51
貫穿方榫橫槽接合	通しほぞ端嵌め接ぎ	とおしほぞはしばめつぎ	119
十二劃			
插栓	込栓	こみせん	33, 37, 47, 65, 66, 67, 79, 143, 144, 152, 153, 155
單槽嵌榫接合	輪薙込	わなぎこみ	24, 31, 50, 53, 59, 64
嵌榫、鍵片	雇い、雇いほぞ	やとい, やといほぞ	36, 40, 67
嵌槽接合	大入	おおいれ	31, 53, 64, 65
嵌槽鳩尾榫接合	寄せ蟻	よせあり	23, 103, 121
十三劃			
暗榫	箱	はこ	16, 36, 54, 58, 60, 61, 126
圓棒榫接	丸ほぞ接ぎ	まるほぞつぎ	130
楔片斜角接合	挽き込み留接ぎ	ひきこみどめつぎ	106, 117, 132
滑大栓繼	辷り大せん	すべりおおせんつぎ	54
腰入目違	腰入目違	こしいれめちがい	48, 66
鳩尾三缺榫接合	蟻形三枚接ぎ	ありがたさんまいつぎ	124, 125
鳩尾舌槽端邊接合	蟻形端嵌め接ぎ	ありがたはしばめつぎ	118
鳩尾栓片斜角接合	蟻形契挽き込み留接ぎ	ありがたちぎりひきこみとめつぎ	132
鳩尾斜切三缺榫接合	留形蟻三枚接ぎ	とめがたありさんまいつぎ	126
鳩尾嵌榫	雇い蟻	やといあり	67, 121
鳩尾榫小型半搭接合	腰掛蟻継	こしかけありつぎ	63
鳩尾榫接合	蟻（蟻継）	あり（ありつぎ）	12,14, 22, 23, 24, 32, 35, 36, 40, 43, 46, 57, 63, 64, 67, 96, 103, 107, 115, 116, 121, 123

鳩尾榫半搭接合	蟻形相欠接ぎ	ありがたあいかきつぎ	123
鳩尾榫搭接	蟻掛	ありかけ	24, 64
鳩尾榫轉角接合	蟻組接ぎ	ありぐみつぎ	107, 115, 116
鳩尾横槽接合	蟻形追入れ接ぎ	ありがたおいれつぎ	112
十四劃			
榫頭鼻栓	ほぞ指鼻栓	ほぞさしはなせん	24, 29, 42, 65, 66
端面接合	打ち付け接ぎ	うちつけつぎ	111
端搭接合	略鎌	りゃくかま	33, 35, 37, 48, 49, 50, 52, 53, 54, 55, 56, 58, 60, 64
端邊釘接合	打ち付け端嵌め接ぎ	うちつけはしばめつぎ	118
端邊接合	端嵌め接ぎ	はしばめつぎ	118, 119
餅乾片（檸檬片）接合	ビスケットジョイント		104, 131, 134
十五劃			
横槽露面榫頭接合	片胴付き追入接ぎ	かたどうづきおいいれつぎ	112, 173
箱型四方端面榫接	四方木口ほぞ接ぎ	しほうこぐちほぞつぎ	136
箱栓繼	箱栓	はこせんつぎ	58, 60
蝴蝶榫	契蟻	ちぎりあり	40, 67
蝴蝶鍵片	蟻形契	ありがたちぎり	109
複斜接合	斜め組み接ぎ	ななめぐみつぎ	116
十六劃			
薄片狀木栓半搭接合	相欠・車知	あいがき・しゃちつぎ	35, 36, 60, 61, 62
薄片狀木栓接合	車知繼	しゃちつぎ	12, 22, 26, 61, 142, 144, 151, 156
薄片狀木栓暗榫接合	箱車知繼	はこしゃちつぎ	16, 60, 61
薄片狀木栓榫孔	車知道	しゃちみけ	153
十七劃			
霞繼	霞継	かすみつぎ	61
十八劃			
覆面方榫接合	馬乗りほぞ	うまのりほぞ	130
轉角三缺榫接合	矩形三枚接ぎ	かねがたさんまいつぎ	124
轉角多榫接合	あられ組接ぎ	あられぐみつぎ	113, 166, 168, 170
轉角接合	組接ぎ	くみつぎ	126
轉角斜接暗榫	隅留隠ほぞ	すみどめかくしほぞ	186
雙肩平榫接合	二方胴付き平ほぞ接ぎ	にほうどうつきひらほぞつぎ	127
雙缺榫轉角接合	二枚組接ぎ	にまいくみつぎ	113
雙排雙榫接合	二重二枚ほぞ	にじゅにまいほぞ	129
雙榫接合	二枚ほぞ接ぎ	にまいほぞつぎ	14, 84, 128
雙邊企口榫	両目違	りょうめちが	48, 59
雙邊企口榫鯱榫接合	両目違竿車知繼	りょうめちがいさおしゃちつぎ	59
十九劃			
邊接	矧ぎ	はぎ	24, 109
鯱榫（鯱榫接合）	竿（鯱栓接ぎ）	さお（しゃちせんつぎ）	32, 35, 37, 59, 60, 61, 62, 66, 67, 133
二十一劃			
露面榫	入輪, 襟輪	いりわ, えりわ	34, 36, 39, 41, 42, 45, 46, 50, 55, 64, 67, 143, 144, 149, 152, 153, 154, 173, 182
露面榫帶插栓接合	尻挟継	しりばさみつぎ	21, 37, 55, 182, 187

本書參考文獻

- 《門窗製作教本　第三編》（建具製作教本　第三編），全國門窗組合聯合會
- 《榫卯 日本建築隱藏的榫接智慧》（継手仕口　日本建築の隠された知恵継手），伊奈Gallery企劃委員會／企劃

國家圖書館出版品預行編目資料

圖解日式榫接 / 大工道具研究會著；林書嫻譯. -- 修訂一版. -- 臺北市：易博士文化，城邦文化事業股份有限公司出版：英屬蓋曼群島商家庭傳媒股份有限公司城邦分公司發行，2022.05　面；　公分
譯自：木組み.継ぎ手.組み手の技法
ISBN 978-986-480-225-8(平裝)

1.CST: 建築物構造 2.CST: 木工
441.553　　　　　　　　　　　　　　　　　111006376

Craft base 27

圖解日式榫接：

一六一件經典木榫技術，解讀百代以來建築・門窗・家具器物接合的工藝智慧

原 著 書 名 / 木組み・継手と組手の技法
原 出 版 社 / 株式会社誠文堂新光社
編　　　者 / 大工道具研究會
譯　　　者 / 林書嫻
選　書　人 / 蕭麗媛
一 版 編 輯 / 鄭雁聿

業 務 經 理 / 羅越華
總　編　輯 / 蕭麗媛
視　　　覺 / 陳栩椿
總　　　監 / 何飛鵬
發　行　人 / 易博士文化
出　　　版　城邦文化事業股份有限公司
　　　　　　台北市中山區民生東路二段 141 號 8 樓
　　　　　　電話：(02) 2500-7008 傳真：(02) 2502-7676
　　　　　　E-mail：ct_easybooks@hmg.com.tw
　　　　　/ 英屬蓋曼群島商家庭傳媒股份有限公司城邦分公司
發　　　行　台北市中山區民生東路二段 141 號 2 樓
　　　　　　書虫客服服務專線：(02) 2500-7718、2500-7719
　　　　　　服務時間：週一至週五上午 09:30-12:00；下午 13:30-17:00
　　　　　　24 小時傳真服務：(02) 2500-1990、2500-1991
　　　　　　讀者服務信箱：service@readingclub.com.tw
　　　　　　劃撥帳號：19863813
　　　　　　戶名：書虫股份有限公司
　　　　　/ 城邦（香港）出版集團有限公司
香 港 發 行 所　香港灣仔駱克道 193 號東超商業中心 1 樓
　　　　　　電話：(852) 2508-6231 傳真：(852) 2578-9337
　　　　　　E-mail：hkcite@biznetvigator.com
　　　　　/ 城邦（馬新）出版集團【Cite (M) Sdn. Bhd.】
馬 新 發 行 所　41, Jalan Radin Anum, Bandar Baru Sri Petaling,
　　　　　　57000 Kuala Lumpur, Malaysia.
　　　　　　電話：(603) 9057-8822 傳真：(603) 9057-6622
　　　　　　E-mail：cite@cite.com.my
美 術 編 輯 / 簡至成
製 版 印 刷 / 卡樂彩色製版印刷有限公司

KIGUMI·TSUGITE TO KUMITE NO GIHO supervised by DAIKU DOGU KENKYUKAI
Copyright© 2011 by Seibundo Shinkosha Publishing Co., Ltd.
All rights reserved.
Original Japanese edition published by Seibundo Shinkosha Publishing Co., Ltd.
This Traditional Chinese language edition is published by arrangement with
Seibundo Shinkosha Publishing Co., Ltd., Tokyo in care of Tuttle-Mori Agency, Inc.,
Tokyo through AMANN CO., LTD. Taipei.

■2016年09月13日　初版
■2022年05月26日　修訂一版
ISBN　978-986-480-225-8
定價 1500 元　HK$500

城邦讀書花園
www.cite.com.tw